国家自然科学基金项目(52174077)

辽宁工程技术大学学科创新团队资助项目(LNTU20TD-05)

厚煤层综放工作面小煤柱开采技术

李 刚 著

中国矿业大学出版社

· 徐州 ·

内 容 提 要

本书首先论述了综放工作面采空区侧向结构演化规律和岩体结构特征,阐述了小煤柱护巷开采区段煤柱合理尺寸确定方法,结合数值模拟方法设计了小煤柱巷道围岩锚杆(索)支护参数,给出了小煤柱巷道围岩注浆加固材料配合比和相关技术参数,设计了火灾防治技术体系。结合实际工程,列举了小煤柱安全开采成功案例。

本书可供采矿工程技术人员参考使用,也可作为高等院校本科生和研究生的参考资料。

图书在版编目(CIP)数据

厚煤层综放工作面小煤柱开采技术 / 李刚著.—徐州:中国矿业大学出版社,2022.6

ISBN 978 - 7 - 5646 - 5439 - 9

Ⅰ.①厚… Ⅱ.①李… Ⅲ.①厚煤层—综采工作面—煤矿开采—研究 Ⅳ.①TD823.25

中国版本图书馆 CIP 数据核字(2022)第 100548 号

书　　名	厚煤层综放工作面小煤柱开采技术	
著　　者	李　刚	
责任编辑	杨　洋	
出版发行	中国矿业大学出版社有限责任公司	
	(江苏省徐州市解放南路　邮编221008)	
营销热线	(0516)83884103　83885105	
出版服务	(0516)83995789　83884920	
网　　址	http://www.cumtp.com　E-mail:cumtpvip@cumtp.com	
印　　刷	徐州中矿大印发科技有限公司	
开　　本	787 mm×1092 mm　1/16　**印张** 10.5　**字数** 194 千字	
版次印次	2022 年 6 月第 1 版　2022 年 6 月第 1 次印刷	
定　　价	40.00 元	

(图书出现印装质量问题,本社负责调换)

前　言

　　煤炭在我国能源结构中一直占据重要地位,从发展目标来看,根据国家能源战略行动计划和相关研究,到 2030 年、2050 年煤炭在我国一次能源结构中的比重将保持在 55％和 50％。虽然煤炭需求量增幅有所下降,但总量还将在一定时间内保持适度增大。从发展阶段来看,在经济发展新常态下,煤炭能源发展要转化升级,走绿色、低碳发展道路。在国家"双碳"战略下,煤炭行业绿色、低碳发展成为必然选择,煤炭开采的绿色、高效、安全发展势在必行。

　　我国厚煤层储量巨大,据不完全统计,厚煤层年产量占全国年产量的 60％以上。安全高效开采厚煤层关系国计民生,关系我国煤炭能源健康、可持续发展。本书从厚煤层综放工作面采空区侧向围岩结构、合理区段小煤柱尺寸、火灾防治、围岩支护和加固技术等方面进行了阐述,并列举了现场成功案例。

　　厚煤层综放开采工艺是实现特厚煤层高产高效开采的主要技术手段,与传统开采工艺相比,其机械化程度高,一次采出煤炭量大,在我国已广泛应用,但这种新技术尚存在一些没有解决的技术难题,特别是对厚煤层综放开采沿空侧巷道布置方式选择和区段煤柱合理留设宽度确定等一直未进行系统研究,大多数现场实践煤柱尺寸由经验得出。区段煤柱作为保护巷道、控制岩层移动和采空区隔离的常规方法一直沿用至今。若开采过程中发生煤柱失稳现象,巷道围岩发生剧烈变形,矿井的安全高效回采将受到严重威胁,煤柱的受力状态、空间系统结构和力学性质均发生了明显变化,回采巷道围岩应力集中程度不断增大,其煤柱留设尺寸也越来越大,因此确定煤柱合理留设宽度,确定科学合理的巷道围岩控制技术和伴生灾害防治方法对于提高煤炭资源回收率和保障矿井安全高效生产至关重要。

本书的完成和出版,得到了南阳坡煤矿等相关企业和同行的大力支持,撰写过程中借鉴了相关专家、学者的研究成果,在此深表感谢。本书的主要研究内容是在国家自然科学基金项目(52174077)、辽宁工程技术大学学科创新团队资助项目(LNTU20TD-05)资助下完成的,在此表示感谢。

限于作者水平,书中疏漏及不妥之处在所难免,敬请读者批评指正。

作　者

2021 年 5 月

目　　录

1　绪　　论

1.1　厚煤层综放工作面小煤柱开采的意义

能源开发利用必须与经济、社会、环境全面协调和可持续发展已成为世界各国的共识。煤炭清洁、高效、可持续开发利用不仅关系我国能源的安全和稳定供应,还是我国社会主义生态文明建设和美丽中国建设的基础和保障。推动煤炭清洁、高效、可持续开发利用,促进能源生产和消费革命,成为新时期煤炭发展必须面对和解决的问题。煤炭属于耗竭性资源,一旦被开采利用,将会永远消失。煤炭可持续性发展的内涵之一即为煤炭资源开采时限的可持续性。

煤炭资源是经济快速发展的重要保障,是重要的化工原料,是国民经济发展的基础,有着"工业粮食"的美誉。近年来,随着能源战略的实施,国家推行能源结构调整政策,一些新型能源(如太阳能、风能、核能)得到快速发展,但是在相当长的时间内煤炭还是国家的主体能源。相关数据统计表明:虽然太阳能、风能等新型能源在一次能源消费结构中所占的比例逐渐增大,煤炭资源所占比例持续降低,但是煤炭资源的消费总量还在增大。所以在接下来相当长一段时间内,我国的主要能源仍然是煤炭。煤炭在我国社会发展和经济建设中仍然起着十分重要的作用。所以,在煤矿生产中提高煤炭资源的采出率,对煤矿的可持续发展具有十分重要的意义。

而区段护巷煤柱是影响煤炭采出率的重要因素,因此,确定区段煤柱的合理尺寸是从事煤矿安全生产亟须解决的问题。

针对不同地质条件的不同矿区,如何确定区段煤柱的合理尺寸以满足煤矿安全高效生产具有非常重要的意义。我国大部分矿井采用的是留设宽煤柱的护巷方式,但是区段煤柱的宽度为多少时才能既不会造成煤炭资源的浪费,又能保证煤柱保持相对稳定,起到护巷的作用,消除深部开采条件下由于区段煤柱应力集中导致的动力灾害隐患问题,对这个问题的研究具有重要的理论意义和实践价值。

1.2 国内外研究现状

1.2.1 沿空掘巷技术研究现状

国内外学者对沿空掘巷覆岩结构和破断规律进行了大量研究,并形成了一系列的相关理论和假说[1-2],具有代表性的是德国学者斯托克(K. Stoke)于1916年提出的悬臂梁假说,该假说认为工作面和采空区上部的顶板可看作梁,其一端固定于岩体内部,另一端处于悬伸状态,在悬臂梁弯曲下沉后,受到已垮落岩石的支撑,当悬伸长度很大时,发生有规律的周期性折断,从而引起周期来压。德国学者朱伊特泽(G. Giuitzer)和哈克(W. Hack)于1928年提出了压力拱假说,认为长壁采煤工作面自开切眼起也形成压力拱,随着工作面不断推进而扩大,直至拱顶达到地表为止,最终工作面顶部的岩层达到平衡形成压力拱。比利时学者拉巴斯(A. Labasse)于20世纪50年代提出了预成裂隙假说,认为顶板岩层会在侧向支承压力作用下产生裂隙,随着工作面推进,顶板岩层分为应力降低区、应力升高区和采动影响区。苏联学者 T. H. 库兹涅佐夫于1954年提出了铰接岩梁假说,阐释了裂隙带和冒落带两部分岩层的运动过程,并从控制顶板稳定的角度出发,揭示了支架荷载的来源和顶板下沉量与岩层运动的关系。钱鸣高于20世纪60年代提出了砌体梁假说,并在前人研究成果的基础上建立了采场岩体裂隙带的"砌体梁"理论[3-4]。随着该理论的不断完善,钱鸣高和朱德仁于20世纪90年代提出了关键层理论[5-6],解释了工作面回采后上覆岩层的破断形态,明确了采场边界的适用条件。宋振骐于20世纪60年代提出了传递岩梁假说,进一步明确了"矿山压力"与"矿山压力显现"两个基本概念之间的区别与联系,提出了以"限定变形"和"给定变形"为基础的位态方程[7-9]。

由于国内对厚煤层综放开采技术的应用较广泛,在上述顶板覆岩运动假说的指导下,学者对沿空巷道上覆岩层的活动和破断规律进行了大量研究,对沿空掘巷的矿压显现特征和应力演化规律进行了深入分析,并取得了大量的研究成果。

李学华等[10]、侯朝炯等[11]提出了综放沿空掘巷围岩大、小结构的稳定性原理,针对沿空掘巷围岩的特点建立了以基本顶岩层为主体的力学结构模型。对基本顶中弧三角形关键块的受力特点、掘巷和回采影响期间的稳定情况以及其对沿空掘巷的影响进行了研究;探讨了影响围岩小结构稳定性的主要因素,并得出提高锚杆预紧力和支护强度对保持围岩小结构稳定性具有重要意义。

朱德仁等[12]认为在长壁工作面端头顶板可能会形成"三角形悬板"结构,并据此建立了采场顶板结构力学模型,分析了沿空掘巷顶板矿压显现规律与采场基本顶之间的关系。

柏建彪等[13]建立了沿空掘巷基本顶弧形三角块结构力学模型,通过对三角块结构在掘巷前、掘巷期间扰动和掘巷后、采动期间扰动各种状态下稳定性系数的分析,从理论上分析得出支承压力、巷道埋深、开采厚度、围岩力学性质及采动应力为基本顶弧形三角块稳定性的主要影响因素。

何廷峻[14]基于悬顶岩梁力学模型,通过对基本顶在工作面端头三角形悬顶对沿空巷道围岩稳定性的影响规律进行研究,成功预测了三角形悬顶在沿空掘巷中的破断位置和时间,为确定滞后加固沿空巷道的时间和长度提供了理论依据。

张东升等[15-17]通过研究基本顶的破断位置,将顶板上覆岩层断裂结构划分为 4 种基本形式,并分别建立了相应状态下的力学结构模型,分析了各种破断形式对区段煤柱稳定性的影响规律,且对沿空巷道围岩控制提出了相应措施。

孟金锁[18]提出了综放"原位"沿空掘巷的概念,认为在上区段原废弃巷道位置开挖为下区段工作面服务的巷道,不但可以最大限度地回收综放工作面两巷的资源,而且巷道处于悬臂平衡岩梁保护之下的免压区内,掘进、采放的人为扰动对巷道的影响最小,因此巷道受力和变形都比较小。

成云海等[19-21]以采用多种监测手段进行实时观测的方法,分析采空区倾向矿压显现的特征,总结沿空掘巷上覆岩层运移规律、锚杆索的荷载以及倾向支承压力的分布规律。其认为特厚煤层直接顶呈现两种上下不同的结构特征,直接顶的上部呈"岩-矸石"结构,特厚煤层上部采空区倾向周期来压与走向周期来压相等,且走向关键块结构与倾向的关键块结构具有良好相似性,建立沿空掘巷倾向覆岩结构力学模型,为沿空掘巷区段煤柱设计与巷道围岩控制提供依据。

王书文等[22]基于实测数据得出了各阶段、各区间内煤层垂直应力和弹塑性演化规律,认为构造区采空区边缘顶板岩块更易铰接成稳定结构,出现滞后型动荷载,并将研究结论应用于煤柱宽度的优化、临空巷道掘进时机的确定、留巷动力灾害危险区域划定等。

于斌等[23-27]针对采场空间较大厚煤层结构特征进行研究,建立采场结构演化力学模型,并提出远场与近场关键层结构,前者关键块横向断裂后形成砌体梁结构,后者关键块竖向破断后形成砌体梁与悬臂梁的组合结构。工作面支架的工作阻力大小与稳定性受近场关键层控制;远场关键层影响巷道围岩结构的稳定性,关键岩块的滑落和回转失稳给巷道围岩施加压力,容易导致巷道围岩失稳破坏。

王钰博[28]建立采空区端部覆岩运动模型,对采空区稳定前端部结构特征和侧向支承压力演化规律进行研究。研究结果表明:采空区实体煤侧上方岩层断裂贯通形成三角形滑移区;随着三角形滑移区的破断失稳,部分荷载向采空区转移,导致实体煤侧向支承压力下降。

1.2.2　区段煤柱尺寸研究现状

沿空掘巷通常布置在上区段采空区的边界外 3~8 m 处,作为本区段的回采巷道,在保证安全开采的前提下提高煤炭资源的开采率。沿空掘巷合理的位置和尺寸决定了沿空掘巷能否留设成功,区段煤柱留设尺寸太小会造成煤柱破碎,不利于巷道维护;区段煤柱留设尺寸太大不仅会造成资源浪费,还可能使巷道处于应力集中区域,不利于工作面和巷道的安全。

在我国煤矿井工开采过程中,留设区段煤柱是维护下一个工作面和隔绝采空区的主要方式,然而一直被煤柱尺寸的合理性所困扰。在现有煤炭资源日趋紧张的大背景下,对区段煤柱的尺寸有了更高的要求,国内外专家与学者提出了很多关于留设保护煤柱的设计方法与理念。

从区段煤柱的发展趋势来看,主要可以分成两个方向:一是留设宽煤柱,把巷道布置在应力集中峰值以外的位置;二是采用小煤柱或无煤柱护巷方式,减小煤柱尺寸,以减少资源浪费,两种方式在不同条件下都有广泛的应用。

美国在 20 世纪 60 年代废弃了房柱式开采,引入了长壁式开采,在保证安全开采的前提下,最大限度提高开采率,对煤柱的各项尺寸进行了研究,指出煤柱的强度受煤柱的宽度、内部结构、围压和动载的影响[29]。

J. Danieis 等[30]对煤岩试块进行室内试验,该试验结果表明煤岩试块具有形状和尺寸效应,试块的尺寸并非越大越好,并给出了煤柱的极限强度经验表达式。加迪对实验室测试所得的煤岩强度与煤柱强度进行归纳总结,并提出霍拉-加迪公式。A.阿尔拉麦夫与 E.C.科诺年科采用弹性力学理论构建煤柱三维力学模型,在考虑内聚力等因素影响下,提出了极限平衡理论。格罗布拉尔则认为煤柱弹性核区域内部强度存在差异,通过研究核区强度与实际应力间的关系,最终提出核区强度不等理论[31-33]。学者威尔逊(Wilson)在核区强度不等理论基础上提出了两区约束理论,并给出了不同工况下煤柱荷载的计算公式[34-38]。两区约束理论是迄今为止相对成熟的理论,得到了借鉴与广泛的应用。

澳大利亚主要采用条带式采煤方法,许多学者结合带状开采的工程实例对条带开采煤柱宽度与工作面长度之间的关系进行了研究。研究发现:前一个工作面开采扰动使得后一个煤柱破坏,距离上一个工作面采空区一定范围内的煤柱裂隙迅速发育,部分出现塑性破坏。若将巷道布置在该范围内,巷道支护困难或支护成本很高,对安全生产和经济效益来说都是不利的。因此,煤柱的合理尺寸应该避开煤柱破坏区域。

20世纪70年代以前我国煤矿巷道布置主要借鉴苏联的经验,采用留煤柱的双巷布置方式,由于当时技术水平有限,经常出现护巷困难和准备时间长等问题。针对以上问题,我国许多学者和科研机构进行了大量研究,理论结合实践,推动了我国区段煤柱研究的发展。

张开智等[39-41]以崔庄煤矿同一工作面同一区段的不同煤柱为工程背景,研究煤柱破坏规律和巷道变形情况,研究结果表明:同一区段的小煤柱与宽煤柱的破坏具有明显差异,煤柱的破坏区域在时间、空间上呈现非均匀性,且破坏形状为不对称马鞍形。

马念杰等[42-43]采用理论分析、数值模拟和现场实测等方法对深井大采高沿空掘巷合理布置位置进行了系统研究,认为确定留设煤柱尺寸时应充分考虑顶板覆岩结构特征、煤柱自身稳定性以及巷道塑性破坏范围。

朱建明等[44]根据黏性材料SMP破坏准则,研究了煤柱在三维应力状态下的应力演化问题,研究结果表明:莫尔-库仑准则和威尔逊公式均未考虑材料主应力效应,二者计算所得的极限强度低于实际煤柱极限强度。

何富连等[45-47]建立考虑煤体弹-塑性变形的基本顶板结构初次破断力学模型,根据有限差分原理和主弯矩破断准则,系统计算研究了弹-塑性基础边界基本顶板结构初次破断位置、破断顺序以及全区域破断形态特征的影响因素及权重关系,并阐述了该力学模型的工程意义。

王德超等[48-51]对赵楼矿11302工作面采空区倾向支承压力大小和影响范围进行监测,运用数值模拟方法进行分析,获得应力降低区范围为12~15 m,煤柱一方面起到隔离采空区作用,另一方面对其进行锚杆支护时需有稳定的支护着力点,以实现煤炭资源的优化开采,设计煤柱宽度为5 m。

王红胜等[52-54]采用理论分析方法分析基本顶在工作面煤壁处破断的位置对煤柱稳定性的影响规律,采用数值模拟方法模拟基本顶不同破断位置对煤柱稳定性的影响,并构建沿空掘巷围岩结构力学分析模型,针对不同的破断位置,分析不同情况下煤柱的受力及变形规律。

魏峰远等[55]通过分析区段煤柱尺寸与上覆岩层岩性、煤柱自身强度、采深、采高以及煤层倾角等地质采矿条件参数之间的关系,得到了区段煤柱尺寸的计算公式,并指出:在同一矿区,不同的开采深度、采高及煤层倾角与保护煤柱的尺寸并不是简单的线性关系,而是复杂的非线性关系。

刘金海等[56]采用微地震监测、应力动态监测和理论计算等方法确定深井特厚煤层综放工作面侧向支承压力分布特征,得出低应力区的范围,在此基础上得出了新巨龙矿一采区区段煤柱的合理尺寸。

李小军等[57]采用数值模拟方法,分别对煤层埋深 300 m、500 m、800 m 和倾角 0°、25°、30°情况下运输巷道下帮侧向压力分布规律和不同宽度区段煤柱受力情况进行了分析。随着煤层倾角增大,下区段运输巷道与上区段回风巷道两侧应力分布呈非对称性,顶板应力分布也是不均匀、不对称的,煤层倾角增大时,应力明显偏向下区段运输巷道,使得下区段运输巷道顶部出现明显应力集中,并且随着煤层倾角的增大,应力集中程度更加明显。

屠洪盛等[58]分析了不同倾角和尺寸下急倾斜区段煤柱的变形破坏特征、煤柱周围应力分布规律和影响煤柱稳定性的主要因素,结合采空区的冒落、充填特征,得出如下结论:区段煤柱主要受到沿倾向的剪切破坏作用出现"台阶"形破坏,失稳方式为向采空区的滑落失稳,煤柱下端的底板和上端的顶板为主要破坏区域。并根据现场实际条件提出了增大区段煤柱尺寸或采空区后方煤柱上方注浆充填加固技术方案,保证了急倾斜煤层综采工作面的安全生产。

孔德中等[59]充分考虑侧向支承压力、资源回收率以及巷道的稳定性,通过理论计算、现场实测和数值模拟确定了大采高综放工作面倾向支承压力的分布规律,从而确定了大采高综放工作面区段煤柱宽度。

余学义等[60]对大采高双巷布置工作面进行现场监测,通过应力变化数据分析得出:在一次采动影响下,将沿煤柱宽度方向划分为四个区域,即采动影响区、过渡区、稳定区、有效支护区。通过监测和现场分析确定煤柱宽度的初步范围,再通过数值模拟对煤柱尺寸进行优化,得到大采高双巷布置工作面巷间煤柱的合理宽度。

张震等[61]使用 JW-6 型高频电磁波 CT 系统,研究了电磁波衰减与煤层裂隙发育和围岩应力集中程度的关系,并结合实际工程背景,总结出了基于电磁波CT 技术的煤柱稳定性评价的多参量指标,建立了基于电磁波衰减特征参数指标的煤柱稳定性评价方法。该项研究对煤柱稳定性的预评价及煤柱宽度的优化具有重要参考意义。

王泽阳等[62]基于广义神经网络算法构建了近水平综采工作面区段煤柱留设宽度的神经网络预测模型,分析了近水平综采工作面煤层内聚力、煤层厚度、弹性模量、内摩擦角、重度、泊松比、埋深、工作面长度、煤层倾角等因素与区段煤柱尺寸的关系。得出的结果具有较好的稳定性和精确性,为区段煤柱宽度的计算提供了参考依据。

王志强等[63]针对特厚煤层分层综采工作面,采用理论分析和现场试验相结合的方法,对巨厚直接顶下区段煤柱失稳机理和控制技术展开研究。中、下分层开采期间,上覆巨厚直接顶会形成"低位短悬臂梁＋砌体梁＋高位弯曲下沉带"的覆岩结构。将分层开采煤柱受力状态分为宽煤柱弹性区应力叠加型和窄煤柱峰值应力叠加型两种,分别求得宽煤柱内任意一点的三向应力和窄煤柱内任意一点垂直应力的解析公式,其中覆岩应力集中系数、煤柱高度和煤柱宽度是主要影响因素。小于 15 m 的特厚煤层仍然适合留设窄煤柱,其内部垂直应力峰值随煤柱高度增大而降低,再受到分层多次采动影响时,窄煤柱内实际残余强度更低,更易失稳,而大于 15 m 的特厚及巨厚煤层不易留设窄煤柱。给出了留设合理区段煤柱尺寸的方法,并提出了"及时主动＋二次被动＋三次关键部位锚索注浆加固支护"的围岩控制方案。

孔令海[64] 研究了复杂条件下特厚煤层综放工作面安全高效开采的问题,采用理论分析、相似模拟试验和微震监测等多种方法,对极近距采空区下特厚煤层综放采场大空间覆岩结构形式及其运动规律和覆岩来压机理进行研究,得出如下结论:特厚煤层综放采场覆岩超前远距离破坏范围达 400 m,支架来压步距离散性较大、规律性不强,工作面整体来压强度较小。

郑西贵等[65] 提出了原位煤柱沿空留巷围岩控制技术,分析了一次采动作用下原位煤柱侧向支承压力的动态演变过程,建立了"限定变形"原位煤柱力学模型,计算出了原位煤柱的合理宽度,提出了结构协同的支护原理,确定了锚梁网索作为基本支护和 π 形钢梁＋单体支柱作为加强支护的协同围岩控制技术。

1.2.3　小煤柱巷道围岩支护技术研究现状

煤矿巷道围岩支护技术的发展经历了木支架、砌碹支护、型钢支护到锚杆支护等过程。锚杆支护成为当今世界产煤国家煤矿巷道的主要支护形式之一,在国内外得到广泛应用。国内外学者在巷道围岩变形机理和围岩支护理论方面做了大量的研究,为巷道围岩控制提供了许多理论成果。

英国 1872 年就开始在北威尔士露天页岩矿中使用锚杆支护,已经有百余年历史。苏联和美国在 20 世纪 40 年代开始研究并采用锚杆支护技术,机械式锚杆在许多煤矿和金属矿中得到广泛应用。在美国和澳大利亚等煤层赋存条件较好的国家,锚杆支护技术应用较多,发展迅速。奥地利工程师 L. V. Rabcewicz 曾提出新奥法[66],认为巷道围岩自身具有一定的承载能力,为了更好地提高围岩承载能力,在这种具有自承能力的围岩上采用锚杆及混凝土喷射等主要支护手段,使围岩达到稳定。M. Salamon[67] 根据利用能量支护的观点分析,认为在煤矿巷道围岩支护中释放的能量与支护构件的能量在数值上是相等的,主张利用支护结构自动调整围岩与支护两者之间的能量关系,最终达到平衡状态。

我国于 1946 年开始研究使用锚杆支护技术,主要经历了三个发展阶段[68-70]:(1)以钢丝绳水泥砂浆锚杆为代表的无托盘锚杆,破碎的岩体只是靠锚杆悬吊在顶板上,但岩体和锚杆之间没有联系,并不能获得理想的支护效果。(2)1975 年召开了全国锚杆及锚喷支护会议,确定了锚杆技术为巷道支护的新方向,加速了锚杆技术的发展,研发了各种结构锚杆,但仍以钢丝绳水泥砂浆锚杆为主,只是在锚杆尾部增加了托盘。(3)高强度高预应力锚杆,提高围岩的残余强度和承载力,使巷道围岩稳定性大幅提高。

冯豫[71]提出联合支护理论,认为在巷道支护中不能总是强调支护的刚度,也要做到先让压然后进行高强度支护,柔性让压,使压力大小适中。以锚杆支护为基础的主要支护形式包括锚网支护外加喷射混凝土、钢带以及配合 U 形钢架支护的联合支护形式。

董方庭等[72-74]提出了围岩松动圈理论,认为煤矿巷道开挖后围岩由三向应力状态变为二向应力状态,巷道围岩应力分布变化,部分岩体发生屈服破坏,应力逐渐向深部转移,直至低于岩体的屈服强度为止。以松动圈尺寸作为围岩分类指标是科学的、合理的,已经被大量实践所证实,松动圈尺寸不同,锚喷的作用机理不同,因而采用不同的设计方法。

何满朝等[75-76]针对软岩工程提出了软岩力学支护系统,通过分析软岩的变形力学性质,提出了基于软岩复合变形的新的支护理论以及"关键部位耦合支护理论",强调煤矿巷道的支护结构要与围岩的强度、刚度耦合。复杂巷道支护要采取二次支护,第一次是柔性面支护,第二次是关键部位点支护。

康红普[77]通过对深部高地应力煤矿巷道围岩变形破坏机理进行研究,提出了高预应力、强力支护理论与锚杆支护设计准则,该理论认为:合适的预紧力可以使巷道围岩处于受压状态,有效抑制围岩早期变形,合理的表面支护有利于锚杆预应力的扩散,同时施打锚索作为辅助措施;锚索支护与锚杆支护形成的压应力区叠加形成骨架支护网络,以保证巷道支护的长期稳定性。

张百胜等[78]针对留大煤柱采出率低和留小煤柱护巷矿压显现剧烈存在的矛盾,采用矿压理论分析、FLAC3D 数值模拟和巷道变形现场实测,对潞安集团阜生煤矿 6 m 大采高留小煤柱切顶卸压沿空掘巷机理与围岩控制技术进行了研究,得出采用切顶卸压和配套合理支护技术可实现小煤柱沿空掘巷在迎采阶段和本工作面回采阶段围岩稳定,为类似条件矿井安全高效开采提供借鉴和参考。

刘洪涛等[79-80]针对深井高应力软岩巷道面临的高地应力、大变形、严重塑性破坏特征,研发了能够穿过塑性区深入至稳定岩层且兼具让压功能的新型可接长锚杆,并在现场进行了大量工程实践。

张蓓等[81]通过现场观测分析了急倾斜巷道围岩变形破坏特征,研究了岩层倾角与巷道非对称变形破坏的关联性,明确了急倾斜巷道不对称破坏机制,并提出了关键变形部位的非对称耦合支护,工程实践表明巷道非对称变形问题得到有效控制。

张农等[82-84]分析了沿空巷道小煤柱受采空侧覆岩结构运动全过程动压影响后,发现沿空巷道顶板煤体离层明显,小煤柱破坏严重,围岩应力环境急剧恶化,为了保持巷道稳定性,防止巷道出现整体大变形破坏失稳,应用预拉力钢绞线桁架、M形钢带及小孔径预拉力短锚索形成预拉力联合控制系统,可有效解决该类问题。

陈正拜等[85]以丰汇煤矿窄煤柱巷道为工程背景,综合采用现场调研、室内试验、数值模拟和理论分析等方法,对窄煤柱巷道非均匀大变形控制进行了研究,基于窄煤柱巷道围岩控制难点,提出以"改变巷道区域支护方式、增大支护密度、破碎围岩注浆改性"为核心的差异化支护技术,加强对围岩局部大变形的控制,充分发挥围岩的自身承载能力。现场监测表明:窄煤柱巷道在服务期间围岩非均匀大变形得到有效控制,稳定性好,可为同类型巷道围岩的控制提供参考。

1.2.4 煤柱注浆技术发展现状

注浆技术始于1802年法国人用木制冲击泵注入黏土和石灰浆液加固地层。1826年英国人发明了硅酸盐水泥后注浆材料开始以水泥浆液为主,1864年,阿里因普瑞贝矿井首次用水泥注浆对井筒堵水。1886年,英国研制成功了压缩空气注浆机,促进了水泥注浆法的发展。19世纪末20世纪初,注浆技术在法国和秘鲁煤矿的主井施工堵水中获得巨大成功,同时高压注浆泵研制成功。1887年至1909年,德国和比利时先后获得水玻璃注浆材料和双液单系统注浆法专利。1920年,乔斯顿(Joosten)发明了用水玻璃、氯化钙注浆的乔斯顿注浆法。自20世纪40年代,注浆技术的研究和应用进入鼎盛时期,各种水泥浆材和化学浆材相继问世,尤其是自20世纪60年代以来,有机高分子化学浆材得到迅速发展。随着注浆材料的飞速发展,注浆工艺和注浆设备也得到了巨大发展,注浆技术应用越来越广,涉及几乎所有的岩土和土木工程领域,比如矿山、铁道、油田、水利水电、隧道、地下工程、岩土边坡稳定、市政工程、建筑工程、桥梁工程、地面沉陷等。

我国注浆技术的研究和应用较晚。20世纪50年代初期我国才开始使用注浆技术,之后注浆技术方面的研究和应用发展迅速,规模较大。较有权威性的研究机构为中国水利电力科学研究院、煤炭科学技术研究院有限公司、长沙矿山研究院有限责任公司、中国科学院化广州化灌工程有限公司、中国铁道科学研究院集团有限公司、清华大学、东北大学、中国矿业大学、同济大学和中南工业大学等。1991年,中国岩石力学与工程学会成立了岩石锚固与注浆技术专业委员会。

在我国煤矿井巷施工中,注浆技术早在20世纪50年代就有较多的应用,鹤岗矿区、鸡西矿区和山东淄博矿区首先采用井壁注浆封堵井筒漏水,立井采用工作面预注浆,取得了良好堵水效果。60年代以后,在矿井中已普通将注浆用于堵水,灭火,密封以及对软岩、构造和破碎岩层进行加固。因此从发展历史来看注浆多用于岩土工程的堵水、防渗与加固,主要是一项治理地下水害的工程技术。近年来注浆技术开始应用于煤矿破碎围岩巷道维护,由于其能够有效控制围岩变形,支护效果显著改善,使用广泛,已显示出是一种极具潜力的巷道围岩控制技术。目前国内外学者对注浆理论和注浆材料方面开展了大量研究。

杨秀竹[86]根据达西定律,基于渗透理论中的球形扩散理论,计算得到在砂土中进行渗透注浆时浆液的有效扩散半径。

杨志全等[87]考虑宾汉流体浆液的黏度时变性,基于流变方程推导出了黏度时变浆液的渗流扩散方程,探讨了浆液的流变规律。

张连震等[88]将黏度时变的宾汉流体浆液作为研究对象,计算得到浆液扩散过程中的黏度和压力分布方程,进而得到注浆压力与注浆时间对有效扩散半径的影响规律。

冯啸等[89]研究了颗粒型注浆材料在多孔介质中扩散的渗滤效应,推导得到考虑渗滤条件的流动方程,分析了水泥浆液在介质中的扩散规律。

张忠苗等[90]考虑浆液渗流作用下被注体的弹性变形,推导出了基于压密注浆的浆液孔柱状扩张的控制方程,得到了压密注浆孔的应力和位移变化规律。

王广国等[91]研究了浆液在压密作用下对被注体的有效影响范围与压力衰减规律,并推导出了方程,求得近似解。

李术才等[92-94]针对富水断裂带研究发现改变注浆压力、速率、浆液黏度会影响劈裂注浆浆液的扩散形态,并在此基础上提出了劈裂注浆的优势注浆控制方法。

邹金锋等[95]在塑性力学和大变形理论基础上分析土体在劈裂灌浆初始阶段的力学机制,将劈裂灌浆的初始阶段视为无限土体中的圆孔扩张问题,并将圆孔周围土体中的应力分布分为两个区域。弹性区土体服从小变形假设,塑性区服从大变形假设。假设初始劈裂灌浆压力是指圆孔扩张到极限时的极限扩孔压力;当土体在灌浆压力作用下大、小主应力正好换位时,则出现劈裂时的灌浆压力就是二次劈裂灌浆压力,据此推导出塑性区半径、劈裂灌浆的竖向劈裂灌浆压力和水平方向劈裂灌浆压力的理论解,同时获得了弹塑性区应力场分布规律。

冯冰[96]从地应力角度,通过研究注浆孔法向平面上最大主应力与最小主应力的比值,分析了劈裂注浆的起裂压力规律。

李文峰等[97]针对迎回采面沿空掘巷围岩变形特点,提出了围岩控制方法合理选取煤柱宽度,采用高强度、大延伸率锚杆支护围岩;采用预应力对穿锚索和注浆加固窄煤柱。

臧英新等[98]对二次留巷支护技术进行了研究,分析了巷道的破坏原因为地质条件复杂且前期支护参数不合理,结合煤巷预拉力支护理论确定采用"三高"(高强度、高刚度、高预紧力)锚杆、锚索补强和深浅孔注浆的联合支护方案。

张文彬等[99]为了提高小煤柱回采巷道的稳定性,以长平公司Ⅲ4309工作面6 m小煤柱巷道为工程背景进行了注浆加固技术研究,采用注浆加固的方式提高煤柱的强度,进而保证回采巷道的稳定。

周炜光等[100]针对沿空巷道顶底板岩性松软、沿空煤柱浸水失稳、围岩持续大变形等问题,通过现场围岩变形监测和拉拔试验,分析原有支护条件下围岩变形特征和破坏原因,并对支护方案进行优化,提出"两帮中空注浆锚杆(锚索)高强预注＋顶板高强全锚＋底角注浆加固"的支护方案,优化后的支护方案有效控制了巷道围岩的变形破坏,保证了沿空巷道的稳定性,取得了良好的支护效果。

刘树弟等[101]对松散破碎煤岩进行了锚注加固,从浆液网络支架与黏结补强作用、充填密实与转变破坏机制等方面研究了注浆加固机理。

翟新献等[102]对锚喷和锚注两种支护条件下巷道围岩变形破坏机理进行了研究,研究结果表明:与锚喷支护相比,锚注支护巷道浅部围岩的高应力区向深部围岩转移,巷道浅部围岩处于应力降低区,改善了巷道围岩应力环境,锚注支护巷道围岩的位移量均小于锚喷支护对应位置围岩的位移量,所以锚注支护对巷道顶板和两帮起到有效的控制作用,提出并实施了巷道围岩二次注浆技术措施,研究了注浆工艺和注浆参数,实施后巷道围岩变形得到了有效控制。

孟庆彬等[103]自主研制了破裂岩样承压注浆试验设备,开展了破裂岩体注浆加固力学特性试验,分析了破裂岩样注浆加固前后的力学特性与微观结构,提出了"锚注加固体等效层"概念,采用FLAC3D模拟研究了深部软岩巷道锚注支护机理,揭示了"锚注加固体等效层"厚度、弹性模量、内聚力、内摩擦角对巷道围岩位移及塑性区的影响规律。

王连国等[104]基于对深部软岩巷道变形和破裂特征的长期监测结果,借助渗流力学理论建立了深-浅耦合锚注浆液的渗流基本方程,并结合Comsol软件模拟再现了浆液在围岩内的渗透扩散过程,研究结果表明:注浆锚索和注浆锚杆所注浆液使巷道浅部围岩形成完整的锚注加固圈,而注浆锚索使巷道深部围岩形成局部锚注加固体,两者协调耦合作用,形成互为支撑的承载体,完善了深-浅耦合全断面锚注支护的理论体系和加固作用机理。

张妹珠等[105]通过三轴压缩试验得到不同围压下形成的含单一贯通破裂面大理岩试样,用自制的夹具对试样进行"水泥注浆"和"锚杆+注浆"两种方式加固后再次在原加载破坏围压下进行三轴压缩试验,结合激光扫描和电镜扫描,分析了注浆和锚杆对大理岩破裂面的加固效果和作用机制。

黄耀光等[106]考虑巷道开挖扰动和注浆压力衰减对浆液渗透扩散规律的影响,基于拟连续介质假设,利用渗流力学理论推导得出围岩扰动应力和注浆压力耦合作用下的浆液非稳态渗透扩散基本方程,并运用多场耦合软件 Comsol 建立了锚注浆液在围岩中渗透扩散的数值计算模型。

李爱军[107]通过对沿空掘巷软弱破碎顶板进行高强度注浆,将顶板内的裂隙充填,使软弱破碎的顶板与高强度注浆液胶结成整体,从而提高巷道直接顶板岩层的黏聚力和内摩擦角,增强顶板的整体稳定性和强度,利用"高强度、高预应力、高锚固点"锚杆以及高强度锚索钢梁对巷道顶板和两帮进行协同支护,有效控制了巷道围岩变形。

1.3　小煤柱开采技术研究工程背景

本书中相关案例和分析以南阳坡煤矿为工程背景。南阳坡煤矿具有优质的煤炭资源,5#煤层平均厚度约 10 m,通常巷道区段煤柱尺寸为 20～30 m。大煤柱的留设大幅降低了资源的采出率,造成大量煤炭资源损失。为了提高煤炭资源的采出率,实现矿井的高产高效建设,开展了南阳坡矿 5#煤层 408 盘区 8800综放工作面留设小煤柱开采技术研究与实践,取得了良好的工程实践效果。

南阳坡煤矿共采 3 层煤,分别为 3#煤层、5#煤层和 8#煤层。本项目研究对象为 5#煤层 408 盘区 8800 综放工作面,该工作面设计走向长度 571.6 m,设计可采走向长度 493.27 m,倾斜长度 180 m,平均煤厚度 8.75 m,地面标高 1 426.5～1 457.5 m,可采储量 108.7 万 t。

8800 综放工作面位于 408 盘区中部,北部为 408 盘区大巷,南部、西部为早期采空区,东部为 8805 采空区(已于 2015 年回采结束),上覆 3#煤层为实体煤区,工作面标高为 1 198～1 212 m,工作面位置如图 1-1 所示。煤岩层赋存条件见表 1-1,工作面水文、瓦斯情况见表 1-2。

表 1-1　煤岩层赋存条件

层况	煤层总厚 /m	8.2～10.3 （平均值为 8.8）	煤层结构		煤层倾角 /(°)	2～5 （平均值为 3）
			复杂，3～9 层夹石			
	5# 煤层煤为黑色，半亮型，弱沥青-弱玻璃光泽，断口平坦状，水平纹理，含黄铁矿薄膜，质软。煤层结构复杂，可利用厚度为 8.2～9.3 m，平均值为 8.8 m。煤层中含 3～7 层夹矸，夹矸单层厚度为 0.05～0.30 m。夹矸岩性为泥岩、碳质泥岩					

煤层顶、底板情况	名称	厚度/m	岩性特征
	基本顶	6.24～18.80 （平均值为 13.52）	中粒砂岩，灰白色，中粒砂状，成分以石英为主，次为长石，磨圆度较好，分选中等。
			粗砾岩，浅灰色，石英为主，长石次之，泥质胶结，分选一般，参差状断口
	直接顶	0～4.87 （平均值为 3.11）	砂质泥岩，深灰或黑灰色，较软，质均匀，性脆，斜层理，局部波状层理，含不完整植物叶、茎化石及 FeS_2。
			细粒砂岩，灰白色，石英为主，质较硬，中部含有黄铁矿薄膜
	直接底	1.80～4.14 （平均值为 2.65）	中粒砂岩，灰白色，石英为主，长石次之，基底式胶结，厚层理，节理发育，顶部含碳质泥岩。
			泥岩，灰黑色，质软，均匀，细腻，性脆，参差状断口

表 1-2　工作面水文地质、瓦斯情况表

水文地质情况	1. 上覆为实煤区，主要充水源为砂岩裂隙水。 2. 根据中国煤田地质总局华盛水文地质勘察有限公司编制的南阳坡矿水文地质类型划分报告，南阳坡矿水文地质类型为Ⅱ类Ⅰ型，含水系数为 0.1 m^3/t。 3. 本区奥灰水位标高为 1 174～1 176 m，由北向南逐渐降低。工作面标高为 1 198～1 212 m，故不存在奥灰水突水危险。 4. 石炭系太原组含水层是开采石炭二叠系煤层的直接充水含水层，富水性弱，巷道顶板局部有淋水现象			
瓦斯情况	最大涌水量	0.005 m^3/min	正常涌水量	0.002 m^3/min
	瓦斯	瓦斯分带	相对涌出量	绝对涌出量	瓦斯富集带预测
		氮气-甲烷带	1.82 m^3/t	3.74 m^3/t	氮气-甲烷带
	煤尘	煤尘有爆炸危险性，爆炸指数为 38%			
	煤的自燃	自然倾向为Ⅱ级，发火期为 3～6 个月			
	地温	地温平均值为 18 ℃，地温梯度为 3.8 ℃/100 m			
	地压	围岩稳定，无地压冲击现象			

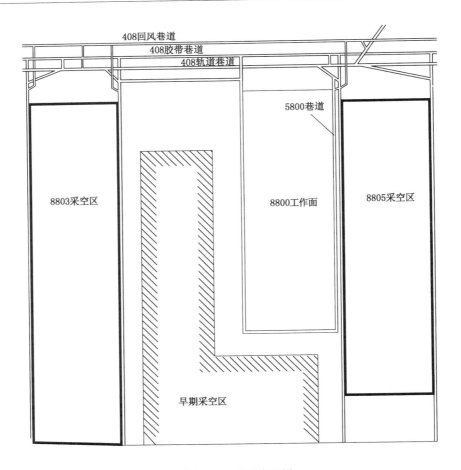

图 1-1　工作面位置图

2　小煤柱护巷开采围岩结构特征

2.1　综放开采巷道沿空侧覆岩关键层分析

2.1.1　覆岩关键层结构判别原理

钱鸣高院士最早提出了岩层控制关键层理论。他指出:由于煤系地层的分层特性的差异,各岩层在采动破坏引起的岩体活动中所起的作用是不一样的,有些较为坚硬的厚岩层在岩体活动中起控制作用,成为承载的主体;有些较软弱的岩层在岩体活动中只起加载作用。在采场覆岩层中,对岩体活动全部或局部起控制作用的岩层称为关键层;判别关键层的主要依据是其变形和破断特征,关键层破断时其上部全部岩层或局部岩层的下沉变形是互相协调一致的,前者称为主关键层,后者称为亚关键层;关键层作为承载岩体,破断前以"板"或"梁"结构形式承受上部岩层的部分重力,断裂后形成砌体梁结构。

采动岩体中的关键层有以下主要特征:

(1)几何特征。相对其他岩层厚度较大。

(2)岩性特征。相对其他岩层较为坚硬,弹性模量大,强度高。

(3)变形特征。关键层下沉变形时,上部全部或局部岩层的变形破断是同步协调的。

(4)支承特征。关键层破断前以"板"或"梁"结构形式作为承载主体,断裂后形成砌体梁结构,继续作为承载主体。

通常假设岩层荷载均匀分布,以工作面上方第1层关键层为例来说明关键层荷载的计算方法。图 2-1 为关键层的荷载计算模型[34],设直接顶上方共有 m 层岩层,各岩层的厚度为 $h_i(i=1,2,\cdots,m)$,体积力为 $\gamma_i(i=1,2,\cdots,m)$,弹性模量为 $E_i(i=1,2,\cdots,m)$,其中第 1 层为关键层,其所控制的岩层为 n 层。

根据关键层理论,若第 1 层为关键层,则 n 层岩层同步变形,由悬臂梁理论可得:

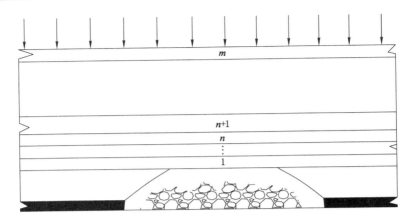

图 2-1　关键层的荷载计算模型

$$\frac{M_1}{E_1 I_1} = \frac{M_2}{E_2 I_2} = \frac{M_3}{E_3 I_3} = \cdots = \frac{M_n}{E_n I_n} \qquad (2\text{-}1)$$

其组合梁弯矩 M 为：

$$M = M_1 + M_2 + M_3 \cdots + M_n = \sum_{i=1}^{n} M_i \qquad (2\text{-}2)$$

由梁的受力微分原理可以得到：

$$q_1 = \frac{E_1 h_1^3 \sum\limits_{i=1}^{n} \gamma_i h_i}{\sum\limits_{i=1}^{n} E_i h_i^3} \qquad (2\text{-}3)$$

关键层位置的判断首先应计算各硬层所受荷载。根据关键层的荷载计算模型得出第 n 层对第 1 层影响时形成的荷载 $(q_n)_1$ 为：

$$(q_n)_1 = \frac{E_1 h_1^3 (\gamma_1 h_1 + \gamma_2 h_2 + \cdots + \gamma_n h_n)}{E_1 h_1^3 + E_2 h_2^3 + \cdots + E_n h_n^3} \qquad (2\text{-}4)$$

根据关键层的定义与变形特征，若有 n 层岩层同步协调变形，则其最下部岩层为关键层。由第 $n+1$ 层岩层的变形小于第 n 层的变形的特征可知第 $n+1$ 层以上已经不再需要其下部岩层去承担它所承受的荷载。关键层刚度（变形）的判别条件如下：

$$q_{n+1} < q_n \qquad (2\text{-}5)$$

式中，q_{n+1}，q_n 分别为计算到第 $n+1$ 层与第 n 层时第 1 层关键层所受荷载。

根据关键层刚度的判断条件，从下往上逐层判断，直至确定全部的可能成为关键层的硬岩层位置。

此外，关键层位置的判断还必须满足强度的判断条件：

$$l_{n+1} > l_n \tag{2-6}$$

式中，l_{n+1} 为第 $n+1$ 层的破断距；l_n 为第 n 层的破断距。

满足式(2-6)时，第 1 层即亚关键层。如果 l_{n+1} 不能满足式(2-6)的判断条件，则应将第 $n+1$ 层岩层所控制的全部岩层作为荷载作用到第 n 层岩层上部，计算第 n 层岩层的变形和破断距。在式(2-5)和式(2-6)均成立的前提下，就可以判断关键层 1 所控制的岩层厚度或层数。如果 $n=m$，则关键层 1 为主关键层，如果 $n<m$，则关键层 1 为亚关键层。

2.1.2 南阳坡矿小煤柱工作面上覆关键层判断

根据南阳坡矿 5# 近浅埋煤层地层特征，利用刚度和强度条件对 5# 煤层覆岩进行关键层判断。8800 工作面采用放顶煤开采，其上第一层为粗粒砂岩，厚度为 6.24 m，以此层为第 1 层计算上覆各硬岩层荷载及判断关键层位置。为了便于计算，将厚度较小岩层进行合并，依次往上计算至 3# 煤层底板，再往上 3# 煤层为已采稳定区，不予计算。煤岩层参数见表 2-1。

表 2-1 煤岩层参数

编号	岩性	厚度/m	岩石抗压强度/MPa	岩石抗拉强度/MPa	弹性模量/GPa	体积力/(kN/m³)	关键层位置
	5# 煤	9.5	18	1.1	16.28	15.1	
1	粗粒砂岩	6.24	145	7	70	26	
2	中粒砂岩	13.52	140	6.48	71.5	27.2	主关键层
3	粗粒砂岩	7.45	145	7	70	26	
4	中粒砂岩	2.9	140	6.48	71.5	27.2	
5	粗粒砂岩	2.4	145	7	70	26	
6	中粒砂岩	5.24	140	6.48	71.5	27.2	
7	粉砂岩	4.64	105	6.73	68.5	27	

关键层判断具体计算过程如下。

第 1 层自重 q_1 为：

$$q_1 = y_1 \cdot h_1 = 26 \times 6.24 = 162.24 \ (\text{kPa})$$

考虑第 2 层对第 1 层的作用，则：

$$(q_2)_1 = 46.533\,694\,22 \ (\text{kPa})$$

此时 $q_1 > (q_2)_1$，因此第 2 层为硬层。

$$q_2 = y_2 \cdot h_2 = 367.744 \ (\text{kPa})$$

$$(q_3)_2 = 482.420\ 463\ 2\ (\text{kPa})$$
$$(q_4)_2 = 546.488\ 701\ 4\ (\text{kPa})$$
$$(q_5)_2 = 596.847\ 838\ 2\ (\text{kPa})$$
$$(q_6)_2 = 683.915\ 522\ 6\ (\text{kPa})$$
$$(q_7)_2 = 761.303\ 177\ 1\ (\text{kPa})$$

此时 $(q_7)_2 > (q_6)_2$。

这里采用悬臂梁力学结构模型来估算周期破断步距,可得到第 1 层的周期破断距:

$$l_1 = h_1\sqrt{\frac{\sigma_1}{3q_1}} = 6.24 \times \sqrt{\frac{0.56}{3 \times 0.968\ 438}} = 2.739\ 56\ (\text{m})$$

可以判断得出:第 3 层至第 7 层岩层对第 2 层的荷载依次增大。根据关键层理论可以得出:5# 煤层上方 13.52 m 厚的中粒砂岩为关键层。关键层位置的确定为小煤柱合理尺寸的确定提供了理论依据。

2.2 综放开采小煤柱护巷覆岩结构分析

厚煤层综放工作面开采过后,直接顶岩体破碎且其上覆基本顶发生了极大的结构破坏,由于现场覆岩结构实测所需要的人力、物力较多,而且受客观条件制约和多因素的影响,因此不易得出较为系统、普遍、直观的顶板岩层结构模型。相似材料模拟则可根据现场煤层实际赋存地质条件对现场进行还原以研究问题,且模拟试验的相似程度高、周期短、结果直观,因此本节通过相似材料模拟试验,研究厚煤层综放开采小煤柱护巷覆岩结构特征与采场矿压显现规律。

2.2.1 小煤柱护巷相似模拟试验参数设计

(1) 模型相似比与其他参数确定

相似材料模拟试验台尺寸为:长×宽×高＝3 000 mm×300 mm×1 500 mm,采用平面应力模型。几何相似比 $\alpha_l = 1:100$,重度相似比 $\alpha_\gamma = 1:1.55$,要求模型与实体所有各对应点的运动情况相似,即要求各点对应的速度、加速度、运动、时间等都成一定比例。所以要求时间比为常数,即时间相似比 $\alpha_t = \sqrt{\alpha_l} = 1:10$。

模型物理力学参数按式(2-7)和式(2-8)计算:

$$\alpha_\gamma = \frac{\gamma_H}{\gamma_M} = 常数 \tag{2-7}$$

$$\alpha_\sigma = \frac{\sigma_H}{\alpha_M} = \alpha_\gamma \cdot \alpha_l \tag{2-8}$$

（2）相似配比

用相似材料模拟岩层时，所用相似材料的性质和成分应随着模拟岩层的类型不同而变化。煤矿地下岩层种类繁多，力学性质及变形差异很大，材料应选择杂质含量少、粒度均匀、颗粒直径约为 0.05 mm 的河砂和云母作为骨料，刚烧透的石灰和石膏作为胶结物。根据试验原型煤岩物理力学参数，通过换算和不同配合比材料力学测试，选定模型材料合理配合比，具体见表 2-2。

表 2-2　相似模拟试验材料配合比

序号	岩性	模型厚度 /cm	岩石抗压强度 σ_c/MPa	岩石视密度 /(g/cm³)	模型抗压强度 σ_c/(kg/cm²)	模型视密度 /(g/cm³)	配合比号
1	砂质泥岩	8	70	2.45	0.47	1.63	655
2	粉砂岩	4.6	105	2.7	0.7	1.8	437
3	砂质泥岩	1.3	70	2.45	0.47	1.63	655
4	粉砂岩	2.3	105	2.7	0.7	1.8	437
5	粗粒砂岩	9.3	145	2.6	0.97	1.73	355
6	砂砾岩	2.8	120	2.5	0.8	1.67	755
7	中粒砂岩	2.5	140	2.72	0.93	1.81	637
8	粉砂岩	6.8	105	2.7	0.7	1.8	437
9	粗粒砂岩	2.4	145	2.6	0.97	1.73	355
10	粉砂岩	2.2	105	2.7	0.7	1.8	437
11	中粒砂岩	7	140	2.72	0.93	1.81	637
12	3#煤	4	21	1.51	0.14	1.01	637
13	砂质泥岩	5.3	70	2.45	0.47	1.63	655
14	粗粒砂岩	6.3	145	2.6	0.97	1.73	355
15	中粒砂岩	4.6	140	2.72	0.93	1.81	637
16	粗粒砂岩	18.8	145	2.6	0.97	1.73	355
17	砂质泥岩	4.5	70	2.45	0.47	1.63	655
18	5#煤	10	21	1.51	0.14	1.01	637
19	泥岩	3.3	60	2.4	0.4	1.6	537
20	细粒砂岩	4	115	2.55	0.77	1.7	337
21	砂砾岩	5.4	120	2.5	0.8	1.67	755
22	8#煤	7	21	1.51	0.14	1.01	637
23	粉砂岩	3.4	105	2.7	0.7	1.8	437

表 2-2(续)

序号	岩性	模型厚度 /cm	岩石抗压强度 σ_c/MPa	岩石视密度 /(g/cm³)	模型抗压强度 σ_c/(kg/cm²)	模型视密度 /(g/cm³)	配合比号
24	砂质泥岩	5.6	70	2.45	0.47	1.63	655
25	细粒砂岩	1.2	115	2.55	0.77	1.7	337
26	钙质泥岩	4	65	2.4	0.43	1.6	655
27	粉砂岩	1.6	105	2.7	0.7	1.8	437
28	钙质泥岩	9	65	2.4	0.43	1.6	655
29	石灰岩	4.8	109	2.7	0.73	1.8	337

（3）纵向加载压强确定

若根据几何相似常数得到模拟岩层高度不能到达地表,对上覆未能堆砌煤岩层采取等效应力荷载加载的方法进行施加。根据上覆岩层自重应力场,采用应力相似常数,折算成模拟应力值。试验采用杠杆分段式加载方式。按式（2-9）、式（2-10）计算：

$$\sigma = \sum_{i=1,j=1}^{n} \gamma_i \cdot H_j \tag{2-9}$$

式中　γ_i——各煤岩分层重度,$i=1,2,3,\cdots$。

　　　　H_j——各煤岩分层厚度,$j=1,2,3,\cdots$。

　　　　σ——模拟地层位置处的实际应力值。

$$\sigma_m = \sigma/\sigma_y \tag{2-10}$$

式中　σ_m——模型加载应力值;

　　　　σ_y——应力相似常数。

则模型实际加载压强为：

$$\sigma = \sum_{i=1,j=1}^{n} \gamma_i \cdot H_j = 4.579\ 3\ (\text{MPa})$$

$$\sigma_m = \sigma/\sigma_y = 4.579\ 3/150 = 0.029\ (\text{MPa})$$

（4）开挖参数

开挖参数主要涉及采高、开采步距、开采时间间隔 3 个参数。

模拟采高=实际生产采高/几何常数。3# 煤层的实际厚度为 4 m,几何常数为 100,模拟的采高约为 4 cm;5# 煤层的实际煤厚为 10 m,几何常数为 100,模拟的采高约为 10 cm;8# 煤层的实际煤厚为 7 m,几何常数为 100,模拟的采高约为 7 cm。

模拟进尺=实际日进尺/几何常数。实际该矿每日安排 3 个班次,两班生产,一班检修。生产班每班完成 3 个循环,即进 3 刀。每刀进尺为 800 mm,所以

生产班每班进尺 3×0.8 m＝2.4 m,试验中为方便开挖将实际进尺近似为 3 m,所以生产班试验进尺为 3/100 m＝3 cm。

模拟开采间隔为 24/时间常数,实际生产中每班为 8 小时,所以试验的开采间隔为(8/10) h＝0.8 h＝48 min,为方便试验,模型每隔 50 min 开采一次。

本次模型模拟开采 5# 煤层,左端留设 20 cm 煤柱以消除边界效应,当开采到 162 cm 时停止开采,待采空区覆岩完全稳定后留设长度为 7 cm 的小煤柱,并开挖一个长和宽均为 5 cm 的巷道。

(5)模型应力测点分布

为了研究南阳坡矿小煤柱护巷的矿压显现规律,布置 3 条平行于工作面走向的应力测线,其中 2 条测线布置在 5# 煤层顶板,另一条测线布置在 5# 煤与 8# 煤层之间。3 条测线共布设 18 个测点,各测点采用压力盒记录覆岩应力变化。

测线 I 布置在 8# 煤层上方 100 mm 的细粒砂岩中,由测点 1、2、3、4、5、6 组成,其中测点 1 和测点 6 距离模型两侧边界 500 mm,相邻两测点间距为 400 mm;测线 II 布置在 5# 煤层上方 120 mm 的粗粒砂岩中,由测点 7、8、9、10、11、12 组成,其中测点 8 和测点 12 距离模型两侧边界 500 mm,相邻两测点间距为 400 mm;测线 III 布置在 5# 煤层上方 220 mm 的粉砂岩中,由测点 13、测点 14、测点 15、测点 16、测点 17、测点 18 组成,其中测点 13、测点 18 距离模型两侧边界 500 mm。测点 6、测点 12、测点 18 位于 8# 煤中所留的小煤柱上方。相似模型应力测点布置如图 2-2 所示。

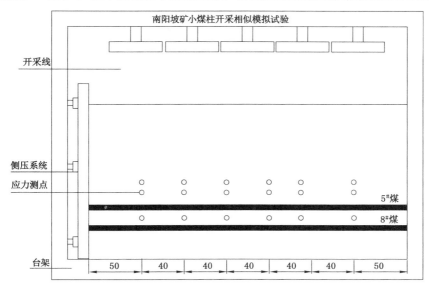

图 2-2　相似模型应力盒布置图(单位:cm)

（6）模型位移测点布置

为了掌握覆岩下沉变化，采用三维光学摄影测量覆岩移动，在模型覆岩表面设定非编码点，相邻两列（行）非编码点距离均为100 mm。为了便于说明，覆岩最下面一行记为第1行，向上依次为第2～13行，最左侧一列记为第1列，向右依次编号为第2～25列。例如：第5行、第9列测点简写为测点（5,9）。模型具体应力测点和非编码点的布置如图2-3所示。

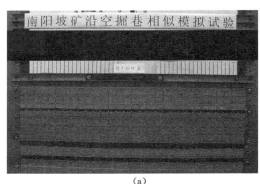

（a）

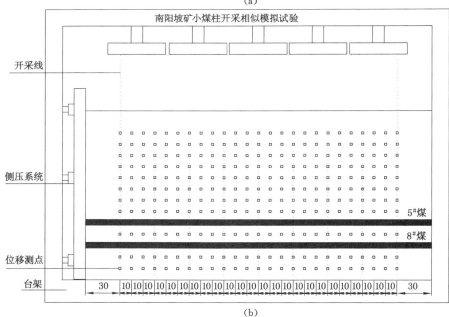

（b）

图2-3 相似模型位移点布置图（单位：cm）

（7）XJTUDP 系统简介

试验中使用由西安交通大学信息机电研究所研制的 XJTUDP 三维光学摄影测量系统对模型表面位移进行监测，摄影测量以透视几何理论为基础，利用拍摄的图片，采用前方交会方法计算三维空间中被测物的几何参数。

XJTUDP 系统是工业非接触式光学三维坐标测量系统，也称为数字工业近景摄影测量系统，可以精确地获得离散的目标点三维坐标，这是一种便携式、移动式的三维坐标光学测量系统，可以用于静态工件的质量控制和动态变形分析、实时测量。

摄影测量技术的基本思想是从不同方向拍摄标志点，然后通过图片和点法线计算出三维坐标。图片中可见的标志点之间有确定的关系，因此，以其不同观察角度所得图片利用标志点之间的相互关系就可以计算出相机的方位。其原理如图 2-4 和图 2-5 所示。

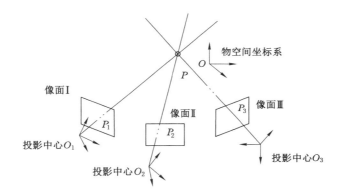

图 2-4　多幅拍摄标志点的前方交会示意图

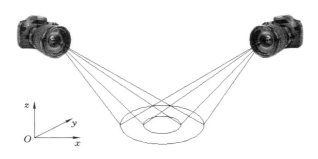

图 2-5　近景摄影测量的原理

根据以上理论,XJTUDP 系统用一个摄影测量相机从不同的观察角度(或称为摄像站)拍摄被测物体的多幅图片,测量软件计算出所有相关的目标点,自动计算这些数码图片中粘贴的标志点和物体特征点的三维坐标。

XJTUDP 可以测量几十毫米至 20 m 的物体,可以计算得出物体上几千个标志点的坐标,也可以使用不同型号的相机。

在拍摄图片时,不同拍摄位置处的相机视角尽量大,可以获得更好的效果。摄影测量是以透视几何理论为基础,利用拍摄的图片,采用前方交会方法计算三维空间中被测物几何参数的一种测量手段。

XJTUDP 软件的主要功能是在多幅图片中识别椭圆(圆形标志点)和椭圆的三维坐标。根据 2 张以上图片,把待测点的像点坐标作为测量值,以解求空间 3D 坐标。测量步骤可分为三步:特征点的像点中心坐标计算、图片匹配、共线方程式的解算。

2.2.2 相似模型试验步骤

2.2.2.1 模型铺装

模型铺装步骤如下:

(1)根据清单将模型堆砌工具准备到位。

(2)将模型清理干净,在试验台内部两侧壁面上粘贴塑料布,使岩层易垮落,减小边界摩擦。

(3)将纵向加载装置安装到位,以便铺装完成后对模型进行纵向加载。

(4)安装槽钢。安装槽钢前先清理干净,然后用塑料薄膜包裹,以减少与相似模拟材料粘连。

(5)配料。单次铺设层厚不超过 2 cm,如有岩层厚度大于 2 cm,将其分层。该部分工作在配料表中完成,具体配料时完全参考配料表。

(6)按线装填,并按坐标埋设应力盒。应力传感器无缝隙面朝上,应力传感器头附近连线埋设过程中呈"S"形分布,剩余线尽量沿岩层走向穿过,横穿容易使岩层形成原始断裂,对垮落产生影响。

(7)人员分工,共需要 5 人参与模型堆砌,配料 1 人,搅拌 2 人,夯实 1 人,看线统筹 1 人。

① 配料人员:负责根据配料表将所有用料调配好放到指定地点。

② 搅拌人员:加水搅拌,拌好后将料送至夯实人员手中。

③ 夯实人员:将料放入模型中,铺平并夯实。

④ 看线人员:负责在夯实的过程中根据参考线调整。

2.2.2.2 模型晾干

模型堆砌完成后,拆下面板进行晾干,根据该季节室温与湿度,晾干时间为10 d。

2.2.2.3 模型开采前准备

（1）待模型晾干后,在其最上层均匀铺设 25 cm×25 cm×1 cm 木板,铺满整个上表面,其作用是保证纵向加载时上部受力均匀。

（2）对模型进行纵向加载,将覆岩未能铺设的岩层经过换算得出需要加载的应力,通过配重将其均匀加载于模型上部。

（3）连接应力传感器,将 3 组测线按顺序连接到泰斯特静态数据采集仪上,通道与应力盒编号对应。接通数据采集仪,将应力盒灵敏度参数输入到对应通道,平衡后准备记录应力数据。

（4）制定数据记录表格,方便记录时数据的填写,横坐标为测点距工作面距离,纵坐标为应变值。测点距工作面距离根据开挖步距和测点位置确定。数据表格为 Excel 表格。

（5）布置闪斑点,按照位移测点布置图将测点布置在设计好的位置处。

2.2.2.4 数据采集

（1）应力采集。应力数据记录过程为每次开挖完成后或模型发生垮落后记录 1 组应力值。测试内容根据电子表格内容直接填写。应力记录时及时生成曲线。

（2）照片采集。开采过程中及时对较为明显的岩层移动变形现象拍照记录。开挖前进行一次拍照,拍照内容为整体试验模型,图片中需显示即将开挖的是哪一步,该部分图像必须有,主要目的是分隔各时段图像,表明图像所示现象出现的时间节点。开挖过程中及开挖后试验图片记录视变形是否明显而定,若相对于之前图片未发生明显变化,则不予拍照。

（3）位移闪斑采集。每次开挖后待模型稳定后对模型进行闪斑处理,闪斑后立即通过 XJTUDP 软件系统对闪斑照片进行处理,如未成功生成位移图像,立即重新闪斑。如果开挖间隔期间模型垮落,也需对其闪斑,记录开挖后垮落延迟时间。

2.2.3 5#煤层开采覆岩位移场、应力场演化规律

5#煤层开切眼距左边界 50 cm,当工作面推进 78 cm 时发生初次垮落,顶板

垮落高度为 2 cm，垮落宽度为 78 cm，煤层顶板 2～5.4 cm 范围内产生裂隙。裂隙宽度为 65～72 cm，回采端垮落岩层发生回转。

当工作面开采至 93 cm 煤柱后方 15 cm 处时，由于开采过程中的扰动，原垮落体上方发生初次周期来压，来压步距约为 14 cm，垮落高度为 2 cm，煤层上方 3 层有离层迹象，垮落宽度为 13 cm，煤层上 3 层顶板出现裂隙。此时顶板的中粒砂岩层发生断裂，与第 2.2 节的顶板关键层位置确定基本吻合。垮落时间及现象记录见表 2-3。

表 2-3　相似模拟试验回采垮落现象记录表

垮落时间	步数	垮落现象		
		垮落层数/层	垮落高度/cm	垮落后形态
10 月 3 日 16:08	26 次开采	1	2	呈梯形，垮落后顶板上 3 层有离层迹象
10 月 3 日 19:45	31 次开采	1	2	呈梯形，垮落后顶板上 3 层有离层迹象
10 月 3 日 21:02	32 次开采	3	6	呈梯形，垮落后顶板上 2 层有离层迹象
10 月 3 日 22:42	34 次开采	12	24	呈梯形，垮落后顶板上 3 层有离层迹象
10 月 3 日 22:47	34 次开采	13	26	呈梯形，垮落后顶板上 2 层有离层迹象
10 月 3 日 23:00	34 次开采	14	28	呈梯形，垮落后顶板上 2 层有离层迹象
10 月 4 日 03:56	40 次开采	26	54	呈梯形，垮落后顶板上 2 层有离层迹象
10 月 4 日 04:05	40 次开采	27	56	呈梯形，垮落后顶板上 7 层有离层迹象
10 月 4 日 06:25	43 次开采	28	58	呈梯形，垮落后顶板上 6 层有离层迹象
10 月 4 日 06:44	43 次开采	31	64	呈梯形，垮落后顶板上 3 层有离层迹象
10 月 4 日 11:25	49 次开采	（右下）3	5	呈梯形，垮落后顶板上 2 层有离层迹象
10 月 4 日 13:30	51 次开采	（右下）1	2	呈梯形，垮落后顶板上 1 层有离层迹象
10 月 4 日 15:00	53 次开采	6	13	呈梯形，轮廓右移，顶板无离层迹象
10 月 4 日 15:45	54 次开采	（右下）1	2	轮廓右移，顶板无离层迹象
10 月 4 日 16:30	54 次开采	6	11	呈梯形

注：记录时间为 2019 年。

当煤层开采至 96 cm 处时，煤层上 3 层顶板发生垮落，垮落高度为 6 cm，宽度为 80～89 cm。

当工作面开采至 102 cm 处时，共发生 3 次垮落，垮落高度分别为 24 cm、26 cm、28 cm，垮落形状呈梯形，垮落宽度为 75～81 cm，垮落后顶板上 2 层有离层迹象。

当开采至 120 cm 处时，共发生 2 次大型垮落，垮落高度分别为 54 cm、56 cm，并且在垮落后顶板上 7 层有离层迹象。

当开采至 129 cm 处时,共发生 2 次大型垮落,垮落高度分别为 58 cm、64 cm,并且在垮落后顶板上 3 层有离层迹象。

此后在工作面推进至 147 cm、153 cm 时共发生 2 次周期来压,平均来压步距为 13 cm。

当开采面推进至 159 cm 处时顶板垮落,高度为 13 cm,宽度为 95~105 cm,顶板上方无明显裂隙。

当开采至 162 cm 时,发生 1 次周期来压,步距约为 11 cm,垮落高度为 2 cm,发生 1 次顶板垮落,垮落高度为 11 cm,至此模型顶板全部垮落。

模型重要时间节点垮落图像如图 2-6 所示。

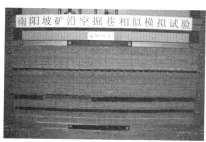
（a）初次顶板垮落

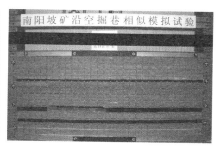
（b）初次来压

（c）初次大型垮落

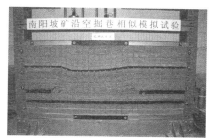
（d）模型顶板全部垮落

图 2-6 模型重要时间节点垮落图像

覆岩下沉位移如图 2-7 所示。近煤层的顶板垮落后由于较破碎,垮落岩体间相互挤压,产生高低错位,下沉位移曲线呈"W"形,距煤层相对较远的岩层垮落后相对比较规整,下沉位移曲线呈"U"形。

5#煤层采出后覆岩发生变形、破坏和垮落,覆岩应力重新分布。由于基本顶岩梁承载覆岩重力向煤壁转移,而形成工作面超前支承压力。工作面超前支承压力随着采场持续推移动态前移,且推进距离越大,超前支承压力越大。应力

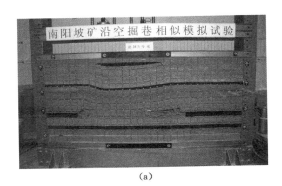

(a)

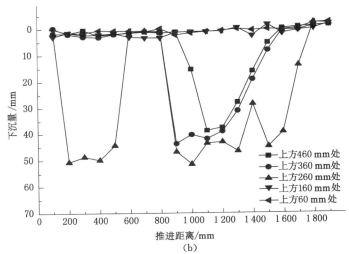

(b)

图 2-7 模型 5# 煤层开挖后的顶板垮落图与顶板位移曲线

集中系数即采动应力与原岩应力之比,通过分析工作面覆岩应力集中系数变化可以直观反映浅埋煤层开采矿压显现特点。

测线 I 各测点记录应力对应应力变化曲线如图 2-8 所示。工作面距测点 15 cm 左右时,测点应力集中系数开始增大,工作面推进至距测点 6～9 cm 范围内时应力集中系数达到峰值;当工作面推过测点,测点应力集中系数迅速减小,处于卸压状态。同时随着工作面推进,前方应力测点的应力集中系数峰值不断增大,而后方应力测点在垮落覆岩压力作用下应力集中系数缓慢增大并趋于平稳。

5# 煤层开采后采空区侧向覆岩结构的组成、位置均相对稳定,采空区一旦形成,覆岩结构的组成岩块基本不变,并向趋于稳定的方向发展,活动性逐渐降低。

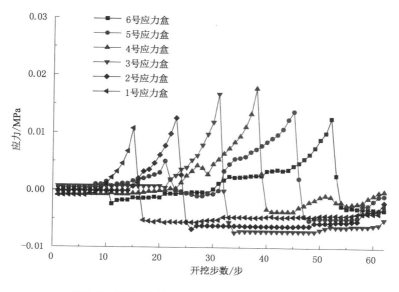

图 2-8　模型 5# 煤层回采过程中测线 I 应力曲线

2.2.4　采空区上覆岩层稳定时间

综放开采小煤柱巷道应布置在煤体与采空区交界处的支承压力降低区,这样有利于充分利用围岩自稳来控制巷道变形。然而刚回采完成的工作面的覆岩活动仍然很剧烈,为避免采空区对下区段小煤柱巷道产生过大影响,应该待采空区覆岩完全稳定后再开挖巷道,因此需要确定采空区覆岩稳定时间,从而保证小煤柱沿空巷道围岩控制达到较好的效果。

采空区覆岩的稳定性取决于覆岩离层与运动的最终形态。图 2-9 和图 2-10 分别为未稳定时期采空区侧向岩层结构和稳定时期采空区侧向岩层结构示意图。

由图 2-9 可以看出:5# 煤层刚回采完毕时采空区垮落带覆岩破断形成悬臂梁结构,裂隙带覆岩破断形成铰接梁结构,其上方为弯曲下沉带,图中可见许多区域都未完全压实,例如基本顶弯曲下沉并未延伸至地表,采空侧顶板悬臂造成下方仍有众多大裂隙。等待 15 d 后,稳定期采空区侧向岩层情况如图 2-10 所示,发现采空区侧向覆岩运动稳定前后结构形态相差较大,此时采空区覆岩运动基本停止,基本顶弯曲下沉带已延伸至地表,垮落带裂隙在顶板压力作用下逐渐减小闭合,逐渐趋于稳定。

综上可以认为 5# 煤层停采 15 d 后地表变形下沉不再明显,将模型时间换

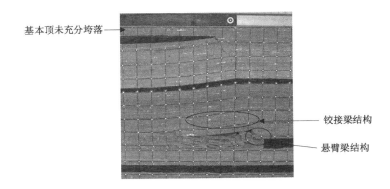

基本顶未充分垮落

铰接梁结构

悬臂梁结构

图 2-9 未稳定时期采空区侧向岩层结构

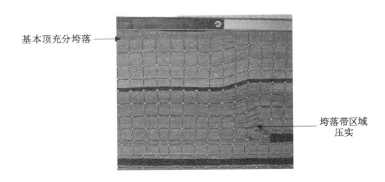

基本顶充分垮落

垮落带区域压实

图 2-10 稳定时期采空区侧向岩层结构

算成实际采矿活动时间为 1 a,考虑到试验与实际考虑问题的复杂程度及因素差异性,安全系数取 2,因此,5#煤层采空区覆岩稳定时间需要 2 a,即小煤柱沿空巷道合理的开掘时机可以确定为上区段工作面回采结束后 2 a,这样可以充分避开邻近采空区活动的影响。

2.2.5 综放开采沿空侧覆岩结构特征

厚煤层综放工作面开采过后,直接顶破碎岩体的碎胀特性使其对上覆基本顶具有一定的充填效果,在一定程度上限制了基本顶破断下沉的运移空间,而基本顶由于剪胀效应使得其破断块体长度有所增大。这样,基本顶破断块体在垂直方向上有直接顶冒落岩体的支撑,水平方向上块体长度增大能够与其他破断块体铰接形成稳定结构,使得基本顶破断块体具备形成整体结构的可能。

综合理论分析、相似模拟和数值模拟结果,得到厚煤层综放开采巷道沿空侧

覆岩结构特征,如图 2-11 所示,同时做出以下几点描述:

(1)厚煤层综放开采煤层厚度大,覆岩活动范围扩大,其上覆破断关键层可能不止一层,破断高度甚至可达主关键层。

(2)工作面推过初期,巷道沿空侧覆岩运动稳定前阶段,垮落带及低位裂隙带覆岩活动剧烈,巷道沿空侧覆岩整体破断形态呈梯形,垮落带破断覆岩形成"悬臂梁"结构,低位裂隙带下位破断覆岩形成"铰接岩梁"结构,低位裂隙带上位破断覆岩形成多块铰接的"砌体梁"结构。

(3)工作面推过后期,巷道沿空侧覆岩运动稳定后,巷道沿空侧覆岩整体破断形态呈"三角形"。垮落带破断覆岩形成"悬臂梁"结构,低位裂隙带下位破断覆岩形成"铰接岩梁"结构,低位裂隙带上位破断覆岩形成多块铰接的"砌体梁"结构,高位裂隙带破断覆岩形成"悬臂梁"结构,其上方为弯曲下沉带岩层。

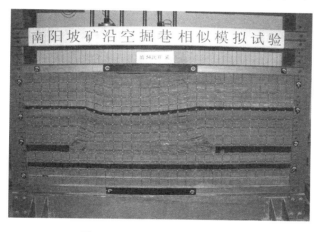

图 2-11　沿空侧覆岩结构特征

小煤柱是沿空巷道重要组成部分,其稳定性受 5800 沿空巷道侧上覆基本顶断裂结构形式的影响。下面分析沿空巷道覆岩基本顶断裂结构,确定断裂线位置。

随着工作面向前推进,基本顶断裂后直接顶垮落下沉,此时基本顶发生断裂、回转和下沉,最终形成如图 2-12 所示"砌体梁"结构。

基本顶断裂线位于煤柱内侧 3 m,煤柱宽 7 m。基本顶在煤柱外侧 10 m 处断裂后重新咬合,同时在实体煤壁内 4 m 处断开;小煤柱正上方与巷道正上方之间合位移为 0.5～0.8 m;巷道正上方与实体煤壁内 3 m 之间的位移为 0.2～0.5 m。基本顶断裂回转过程中,围岩受力较均匀,围岩相互挤压,基本保持同步下沉。

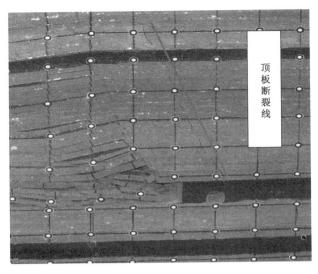

图 2-12 小煤柱顶板断裂位置

3　小煤柱护巷可行性分析及合理宽度确定

3.1　小煤柱护巷可行性分析

　　本项目的研究对象是综放小煤柱,采用较小的煤柱宽度,既为了减小煤柱损失,也符合综放采场顶板运动规律和支承压力分布规律及先进锚杆支护技术的要求。下面从选择掘进方式入手探究南阳坡矿施行小煤柱护巷的可行性。

3.1.1　沿空掘巷方式选择

　　(1) 完全沿空掘巷

　　图 3-1(a)为完全沿空掘巷,在采空区边缘应力集中系数很小,基本都是松弛区域,然而沿空掘巷就是在松弛区域掘进一条巷道,这样会打破原来的应力稳定状态,使应力重新分布,如图 3-1 中应力分布曲线所示,垂直应力的最大值会向煤体深部转移,造成沿空掘巷巷道顶部变形量明显增大。此外,此时巷道采空区一侧的围岩比较破碎,将巷道布置于松散破碎区,将大幅增加巷道的维护难度,并且采空区的矸石、瓦斯、积水等容易窜入巷道,影响巷道正常使用。掘进要滞后回采工作一段时间,等采空区顶板稳定才可进行,滞后时间通常为 4～6 个月,为矿井的高效开采带来不便。

　　(2) 留设小煤柱护巷

　　图 3-1(b)为留设小煤柱沿空掘巷。地质条件和煤体自身的性质不同,留设的煤柱宽度也应不同,因此合理选择小煤柱的宽度是沿空掘巷的关键。综放工作面完全沿空掘巷,虽然掘进巷道处于最佳的受力状态,但是在实际应用中由于采空区的水、瓦斯及其冒落的岩石会对巷道的正常掘进构成危险,也给掘进通风造成一定的影响,因此一般不采用完全沿空掘巷而采用留小煤柱沿空掘巷。

　　留设小煤柱的最大优点除了能维护回采巷道的稳定性外,由于巷道是在煤层中开掘形成的,所以提高了施工速度和缩短巷道的成形时间,减少了回采巷道

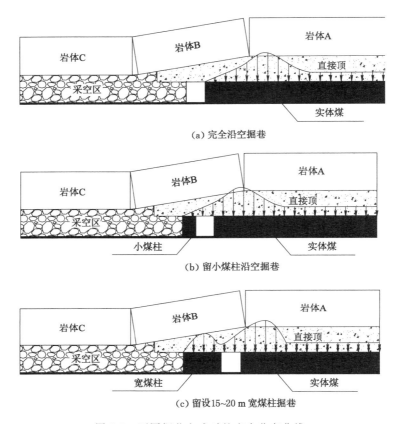

（a）完全沿空掘巷

（b）留小煤柱沿空掘巷

（c）留设15~20 m 宽煤柱掘巷

图 3-1 不同掘巷方式时的应力分布曲线

投入使用的准备时间,有效隔离了采空区和回采工作面。出于对矿井的整体开拓和巷道布局以及尽可能延长矿井的使用寿命的考虑,在整个矿井全生产期内都应竭力避免煤炭资源的不必要流失,采用一些特殊的开采方法回收保留于永久煤柱内的一部分,只需留下部分正方形或条带形等形状规则的煤柱,用以支撑上覆围岩及其传来的荷载,从而阻止上覆岩层的离层、下沉等现象造成的地表不均匀沉降和破坏性的地表沉陷。

（3）留宽煤柱沿空掘巷

图 3-1(b)为留设 15～20 m 宽煤柱护巷,则会造成相当大一部分煤炭资源的损失。区段煤柱的煤炭不必要损失量已居矿井煤炭生产总损失的首位,有时高达全矿井煤炭损失总量的 40% 左右。在传统的认知中煤柱宽度越大,回采巷道和工作面越稳定,但是从深层次考虑,留设较宽煤柱护巷不仅会造成煤炭资源的批量流失,还由于开采深度和采高较大,回采巷道围岩的应力越来越高,容易

出现应力集中现象。如果煤柱的尺寸和留设位置不合理,会造成采区回采巷道重复返修,巷道维护费不断增加。通过对各地区多个矿井的数据统计可知矿井整个生产期建设中采区巷道的开掘、准备和维修费用在总投资中占首位,达50%以上,这将直接导致巨大经济损失。由此可见:传统的留设宽煤柱护巷方法,不仅不利于回采巷道的维护,有时还会于煤柱区域形成应力集中而促使煤柱下方回采巷道的维护难度增大,严重时甚至导致冲击地压、煤与瓦斯突出等灾害事故。因此,出于对矿井的安全生产和经济效益的综合考虑,可以留设小煤柱巷道,这不仅可以减少巷道掘进量,缓解接续紧张,还节约了掘进费用,提高了综合经济效益,增加对煤炭的回收,从而延长了矿井寿命,提高了社会效益。

3.1.2　采用沿空掘巷小煤柱的优势

（1）减少煤柱损失

一般情况下,煤柱上支承压力分布如图 3-2 所示。当煤柱宽度较大时,在煤柱两侧各有一个应力降低的塑性区,在煤柱中间有一个弹性核区域;当煤柱宽度较小时,煤柱中间弹性核区域将消失,整个煤柱处于塑性区。能保持弹性核区域的最小煤柱宽度称为稳定煤柱宽度。

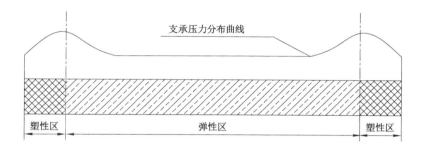

图 3-2　煤柱支承压力分布图

由于南阳坡矿现开采的 $5^{\#}$ 煤层厚 10 m,属厚煤层开采,在采用综采放顶煤开采条件下,工作面两侧的支承压力影响范围较大,其稳定煤柱宽度预计将达20 m 以上。考虑煤柱损失,实际上不可能留如此大的煤柱。因此,采用较小的煤柱宽度是综放条件下双巷布置唯一有实际意义的选择。当然,这种情况下经受采动压力作用后煤柱中间将不存在稳定的弹性核区域,整个煤柱将全部处于塑性区。

但是从巷道稳定性考虑,虽然不能保证小煤柱中间在采动影响后保持弹性核区域,但也不能允许小煤柱出现结构破坏,而应使小煤柱在经受动压之后仍具有较高的强度和承载能力,这就需要根据综放开采特点,对锚杆支护参数和煤柱宽度进行优化分析,确定能满足沿空巷道要求的最小煤柱宽度。

(2)高采收率下有效隔离采空区,并有利于消除动力灾害隐患

① 预防火灾。防火是很好解决的问题,在巷道掘进过程中加强巷帮的支护强度,防止抽漏顶,及时进行喷浆,喷浆时必须达到设计要求,严禁有裂隙和漏喷,同时保证巷道上帮坡岩石高度。沿空掘巷小煤柱若能维持稳定,则合理的煤柱尺寸能够有效隔断采空区与回采巷道间的漏风,从而实现区段煤柱防火功能。

② 预防水害。合理的煤柱尺寸可以有效抵御采空区积水带来的压力,阻隔老采空区积水,保证矿井的安全生产。

③ 预防瓦斯突出。对于厚煤层巷道来讲,小煤柱承受不了开采造成的支承压力,会给小煤柱造成很多裂隙。由于瓦斯密度比空气的小,采空区内的瓦斯会随着裂隙涌向上层采空区,有效防治放顶煤瓦斯。

④ 预防冲击地压。小煤柱的留设改变了巷道周围的围岩应力状态,有效释放了巷道的压力且能有效消除冲击地压等动力灾害隐患。

(3)处于支承压力相对较低区域

小煤柱宽度要符合综放采场顶板运动规律、支承压力分布规律、综放采场顶板运动规律及支承压力分布规律,是确定沿空掘巷小煤柱宽度的最关键因素。合理的巷道位置,既要考虑顶板断裂运动的影响,又要考虑顶板断裂运动稳定后支承压力的长期作用影响。

下面从小煤柱侧顶板关键块 B 的结构与受力分析确定南阳坡矿厚煤层综放开采小煤柱合理宽度。

3.2 小煤柱直接顶关键块 B 结构特征

3.2.1 关键块 B 稳定性分析

实践证明用关键层理论的基本方法和原理研究综放小煤柱上覆岩体大结构稳定性是适宜的。但是与综放采场相比,综放小煤柱围岩结构具有特殊性,因此在解决南阳坡矿综放小煤柱问题时,必须综合考虑其特殊条件和具体情况。

随着工作面的推进,基本顶岩层的破坏特征及破坏后的存在状态一定程度上决定了上覆岩体的破断特征和垮落后的赋存状态。研究普遍认为综放小煤柱上覆岩体在工作面回采后的破断过程如下:

(1)上区段工作面回采时工作面端头有未放出的顶煤,由于该部分顶煤作

为"垫层"承受支承压力,随着工作面向前推进和支架移动,破坏严重的顶煤首先垮落。图 3-3 为综放小煤柱上覆岩层大结构模型。

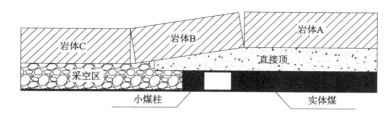

图 3-3 综放小煤柱上覆岩层大结构模型

(2) 上区段工作面回采完毕时,直接顶岩层的垮落下沉发生在上区段未放煤体垮落之后,导致直接顶岩层和上位基本顶岩层离层。采空区上方直接顶由于失去顶煤的支撑作用,垮落下沉不规则,上区段巷道上方的直接顶受到顶煤的支撑,垮落下沉较为规则。

(3) 直接顶垮落后,基本顶岩层发生回转或弯曲下沉,在距离煤壁内侧的煤体上方发生断裂,在靠近采空侧形成了块体 A、B、C,形成铰接结构。基本顶岩层的破断参数与砌体梁结构的稳定性密切相关,同时关系采空区矸石的充满程度。

上覆岩层随着基本顶岩层垮落发生相应的移动变形,形成了综放小煤柱上覆岩层大结构模型,如图 3-3 所示。根据上述破断过程,综放沿空掘巷顶板岩体的破断过程可以分为两个部分:① 直接顶岩层随着煤层的采出出现规则及不规则的垮断;② 基本顶岩层及其上位岩层构成砌体梁的平衡结构。

顶板的破断特征和试验表明:工作面开采到基本顶初次来压位置,基本顶形成"O-X"形破断,如图 3-4 所示,断裂线 I_1、I_2 首先出生在基本顶的中央及开切眼和工作面处,之后断裂线 II 在工作面走向方向沿着巷道的边缘产生,断裂线 II 与 I_1、I_2 连接。随着工作面的推进,顶板的暴露面积增大,进而基本顶破断产生断裂线 III,通过断裂线的分割,垮落的基本顶被分成 1、2 结构块。从工作面上方看,基本顶初次破断的边界近似为椭圆形,直至接触采空区矸石,形成支撑结构,基本顶岩层的运动才变得缓慢。

基本顶来压过后工作面正常回采,断裂线 II 及 I_2 随着推进依次出现,工作面出现周期来压,上述基本顶破断连续出现,如图 3-4 所示。

由图 3-4 可以看出:沿空巷道的稳定状况主要是受到 2、3 结构块(关键块 B)的影响,结构块 2、3 的下沉运动将直接影响其下的直接顶的稳定性。图 3-3 中块体 A 为上覆岩层的基本顶岩层,块体 B 为两个相邻工作面在靠近采空区侧

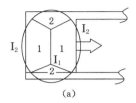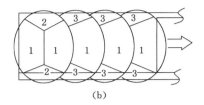

(a)   (b)

图 3-4   顶板断裂示意图

形成的弧形关键块,块体 C 为采空区上方基本顶断裂块。小煤柱稳定性主要受块体 B 的影响。关键块 B 的主要参数有 4 个:基本顶岩层在工作面推进方向破断块体长度 L_1、基本顶破断块体侧向跨度 L_2、断裂块体的厚度 h_1 和块体断裂位置距煤壁的距离 x_0。可以通过基本顶的破断形式和基本顶的周期来压步距综合确定关键块 B 的主要参数。各参数的计算如下。

① 确定参数 L_1。

如图 3-4 所示,基本顶周期来压的步距就是基本顶岩层工作面推进方向破断块体的长度,L_1 按式(3-1)计算。

$$L_1 = h \sqrt{\frac{R_1}{3q}} \tag{3-1}$$

式中 h——基本顶的厚度,m;

   R_1——基本顶的抗拉强度,MPa;

   q——基本顶单位面积承受的荷载,MN/m²。

8800 工作面基本顶厚度 $h = 10.61$ m,基本顶的抗拉强度 $R_1 = 2.83$ MPa,基本顶单位面积承受的荷载 $q = 0.503$ MN/m²。代入式(3-1)得到破断块体 B 的长度为 14.53 m。

② 确定参数 L_2。

基本顶断裂后在靠近采空区侧形成的弧形关键块的跨度即基本顶破断块体 B 的侧向跨度 L_2。

如图 3-4 所示,运用屈服线分析方法,L_2 主要根据工作面长度 S 和基本顶的周期来压步距 L_1 计算:

$$L_2 = \frac{2L_1}{17} \left(\sqrt{\frac{10L_1^2}{S} + 102} - \frac{10L_1}{S} \right) \tag{3-2}$$

通过对大量的观测数据对比可知:当 $S/L_1 > 6$ 时,基本顶破断块体的宽度 L_1 与基本顶周期来压步距 L_2 大致相等。8800 工作面长度为 180 m,L_1 为 18.51 m,代入式(3-2)可以得到基本顶断裂块体 B 的宽度为 15.94 m。

③ 确定参数 h_1。

根据对小煤柱上覆岩层结构的分析,基本顶岩层厚度为关键块 B 的厚度 h_1,所以关键块 B 的厚度为 10.61 m。

3.2.2　关键块 B 受力计算

工作面回采时,小煤柱可以通过上覆岩层所形成的大结构进行受力计算。小煤柱的强度应满足保持关键块 B 稳定的要求。

关键块 B 与 A、C 形成塑性铰接结构,作用在关键块 B 上的合力主要有 A 岩块、C 岩块分别对 B 的竖直剪力和水平推力,软弱岩块和弧形关键块的自重合力,采空区矸石对弧形关键块的支撑力,弧形关键块煤体下方煤柱对关键块的支撑力。在这几个力的作用下,弧形关键块保持平衡,受力分析如图 3-5 所示。

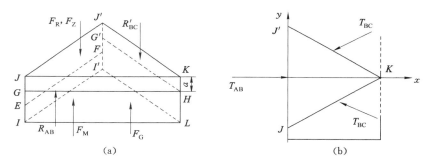

R_{BC}—C 岩块对弧形关键块 B 的竖直剪力;T_{BC}—C 岩块对弧形关键块 B 的水平推力;

R_{AB}—A 岩块对弧形关键块 B 的竖直剪力;T_{AB}—A 岩块对弧形关键块 B 的水平推力;

F_R—软弱岩层的自重合力;F_Z—弧形关键块 B 的自重合力;

F_G—采空区矸石对弧形关键块 B 的支撑力;F_M—煤体对弧形关键块 B 的支撑力。

图 3-5　关键块受力分析图

图 3-5 中 EF 为弧形关键块的回转轴,弧形关键块平衡时,各个力对转轴 EF 的合力矩为 0,即 $\sum M_{EF} = 0$,则有:

$$2T_{BC}a\cos \alpha + \int_0^{x_0} \sigma_y \left[\frac{-2(x - L_2)}{\tan \alpha} \right] x \, \mathrm{d}x + \int_{x_0}^{L_2 \cos \theta} f_g \left[\frac{-2(x - L_2)}{\tan \alpha} \right] x \, \mathrm{d}x -$$

$$2R_{BC} \frac{L_2}{2} \cos \theta - (F_R - F_Z) \frac{L_2}{3} \cos \theta = 0 \tag{3-3}$$

式中　a——岩块 A、C 与弧形关键块 B 的作用位置参数;

　　　α——关键块 B 的底角,(°);

　　　f_g——单位面积矸石的支撑力;

　　　σ_y——关键块 B 下方煤体垂直应力。

上述作用在弧形关键块 B 上的几个力中,煤柱对弧形关键块的支撑力 F_M 对研究小煤柱护巷的稳定性具有重要的意义,可以用式(3-4)表示。

$$F_M = \int_0^{x_0} \sigma_y \left[\frac{-2(x - L_2)}{\tan \alpha} \right] x \, dx \tag{3-4}$$

$$F_M = -\frac{2}{\tan \alpha} \left[-\frac{A_1}{A_2^2}(A_2 x_0 + 1) + \frac{A_1}{A_2^2} e^{A_2 x_0} + \frac{A_1 L_2}{A_2^2} - \frac{A_1 L_2}{A_2^2} e^{A_2 x_0} + \right.$$

$$\left. A_3 x_0 L_2 - \frac{1}{2} A_3 x_0^2 \right] \tag{3-5}$$

式中,

$$\sigma_y = \left(\frac{C_0}{\tan \varphi_0} + \frac{P_z}{A} \right) e^{\frac{2\tan \varphi_0 (x_0 - x)}{mA}} - \frac{C_0}{\tan \varphi_0} \tag{3-6}$$

$$A_1 = \frac{C_0}{\tan \varphi_0} + \frac{P_z}{A} \tag{3-7}$$

$$A_2 = \frac{2\tan \varphi_0}{mA} \tag{3-8}$$

$$A_3 = \frac{C_0}{\tan \varphi_0} \tag{3-9}$$

式中　x_0——基本顶断裂位置距采空区距离,m;

　　　α——弧形关键块的底角,(°);

　　　P_z——支护结构对煤帮的阻力,MPa;

　　　C_0——煤体的内聚力,MPa;

　　　ψ——煤体的内摩擦角,(°);

　　　L_2——关键块 B 沿采空侧断裂跨度,m;

　　　A——侧压力系数。

按照上述公式,代入相关数据可得出综放工作面区段小煤柱对上覆弧形关键块的支撑力。

3.3　小煤柱宽度的理论计算

煤柱强度是指单位面积煤柱能够承受的最大荷载,是分析煤柱稳定性的基础。煤体的强度主要取决于煤块的强度、煤柱的尺寸和形状、煤柱内部结构、煤柱与顶底板的黏合力和煤柱所受的侧向支承压力、围岩岩性、煤体开采工艺、工作面的推进等。现阶段准确预测煤柱的强度十分困难。长期以来,人们针对煤柱强度的主要影响因素,通过现场液压千斤顶的加载试验和实验室煤柱强度试验提出了许多计算煤柱强度的经验公式,可以分为线性公式和指数公式两大类。

$$\sigma_p = \sigma_m \left[A + B \left(\frac{W}{h} \right) \right] \tag{3-10}$$

$$\sigma_p = \sigma_m \frac{W^a}{h^b} \tag{3-11}$$

式中　σ_p——煤柱强度；

σ——工作面煤柱临界强度；

A,B,a,b——无量纲量，$A+B=1$；

W/h——煤柱的宽高比。

A,B,a,b 的取值见表 3-1。

表 3-1　煤柱强度的传统计算公式

	σ_m/MPa	A 或 a	B 或 b	使用条件	提出者	提出时间
线性公式	由试验确定	0.778	0.222	$W/h=1\sim8$	奥伯特、德威瓦尔	1967 年
	由试验确定	0.64	0.36		比尼亚夫斯基	1969 年
	5.36	0.64	0.36	$W/h=1\sim10$	国际岩石力学学会	1996 年
指数公式	由试验确定	0.5	1	$W/h=2\sim8$	霍兰·加迪	1984 年
	7.2	0.46	0.66		萨拉曼	1967 年

目前应用较多的是比尼亚夫斯基总结的煤柱强度线性计算公式：

$$S_P = \sigma_m \left(0.64 + 0.36 \frac{W}{h} \right) \tag{3-12}$$

式中，σ_m 一般取 $5\sim8$ MPa。

实际上，煤柱的强度不仅与煤柱的宽高比 W/h 有关，还与煤柱的长度 l 有关，1997 年美国学者马克在此基础上提出了考虑煤柱长度 l 影响的煤柱强度计算公式：

$$S_P = \sigma_m \left(0.64 + 0.54 \frac{W}{h} - 0.18 \frac{W^2}{lh} \right) \tag{3-13}$$

由式(3-13)可知：随着煤柱长度 l 的增大，煤柱的强度不断增大。

区段小煤柱留设的基本思想是把巷道布置在采空区边缘低应力区，但是由于要考虑回采巷道支护问题，煤柱尺寸也不能太小。在回采过程中煤柱塑性区面积不断增大，煤柱破坏加速，不利用锚杆的锚固效果，无法形成承载结构。所以在考虑煤柱承受荷载要小于煤柱的极限强度来确定煤柱的合理尺寸时，煤柱的强度应满足能保持关键块 B 稳定的要求，得到如下计算公式：

$$\left(\frac{C_0}{\tan \varphi_0} + \frac{P_z}{A}\right) e^{\frac{2\tan \varphi_0 (x_0-x)}{mA}} - \frac{C_0}{\tan \varphi_0} < \sigma_{\mathrm{m}} \left(0.64 + 0.36 \frac{W}{h}\right) \qquad (3\text{-}14)$$

根据 8800 工作面的实际情况,煤柱高度取巷道高度,即 3.6 m,工作面的长度为 180 m,工作面煤层的内聚力为 1.3 MPa,巷道埋深 230 m,巷道的支护阻力取 0.3 MPa,煤体的内摩擦角为 42°,工作面的侧压力系数 A 取 0.5,x_0 为基本顶断裂位置距离采空区距离,σ_{m} 为 7 MPa,W 为煤柱的宽度,代入式(3-14)中,可以求出煤柱理论宽度,应大于 5.4 m。根据计算结果可以看出:要保证煤柱稳定,其宽度必须大于理论计算的最小宽度,也就是大于 5.4 m。

3.4 合理区段小煤柱宽度的数值模拟研究

本数值模拟采用 FLAC3D 软件进行。FLAC3D 软件采用 ANSIC＋＋语言,此软件采用一种特别的算法,在对其全部运动方程进行分析求解时,这种算法的参数可以根据材料本身的性质合理设置,也可以根据实际情况修改。根据分析结果得出关于材料的破坏特性和模型的变形特性的结论。FLAC 软件的开发应用为广大从事岩土工程工作的专家学者从事研究提供了极大的便利,得到了一致好评。

在运用 FLAC3D 模拟软件处理岩土和采矿工程实际问题时,通常将莫尔-库仑模型作为本构模型,该模型以岩石力学中的莫尔-库仑准则为依据,莫尔-库仑准则认为若材料中某一面受到的剪应力达到了极限值,材料就会剪切破坏。对于南阳坡煤矿 8800 工作面掘进及回采期间的数值模拟,均是在莫尔-库仑模型下进行的。

根据南阳坡煤矿 8800 工作面具体的工程地质条件,通过数值模拟研究 5800 回风巷道在不同宽度的护巷煤柱下巷道的稳定性,经过比较分析,得出合理的小煤柱留设宽度。运用控制变量法,通过改变煤柱的留设宽度,分析不同宽度煤柱的受力情况、塑性区分布以及巷道的受力与变形情况,最终确定最优的煤柱留设方案。

3.4.1 区段小煤柱数值模拟模型的建立

根据数值模拟计算的需要,结合南阳坡煤矿 8800 综放工作面的具体情况可得如下参数:5#煤层平均埋深为 230 m,煤层平均厚度为 8.75 m,工作面的长度为 180 m,采用综合机械化放顶煤开采。根据南阳坡煤矿 8800 综放工作面煤层顶底板的地质情况建立简化模型。模型原点位于 5800 巷的底板下 50 m,沿巷道延伸方向建立 y 轴,取 90 m;垂直于巷道延伸方向建立 x 轴,取 230 m;竖向

为 z 轴,回采巷道以上取 50 m,底板以下取 40 m。模型长 230 m、宽 90 m、高 100 m,一共划分 101 250 个单元和 107 916 个节点(图 3-6)。

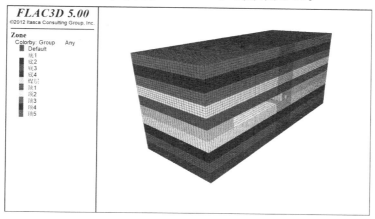

图 3-6 数值模型的三维网格划分图

将巷道和煤柱周围的网格加密,采用应力边界条件,限制模型底边在竖直方向和水平方向的移动,模型两侧限制水平位移,模型上表面根据巷道的埋深施加均匀作用力,侧压力系数取 1.2,建立的三维立体网格模型如图 3-6 所示,数值模拟计算剖面图如图 3-7 所示,工作面煤层及顶底板岩层力学参数见表 3-2。

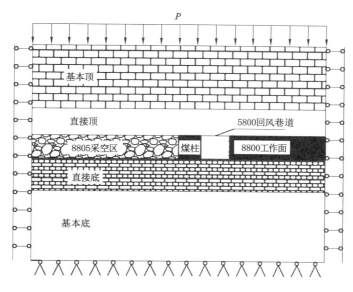

图 3-7 8800 工作面数值模拟计算剖面图

表 3-2　工作面煤层及顶底板岩层力学参数

岩性	抗压强度/MPa	抗拉强度/MPa	剪切模量/GPa	黏聚力/MPa	内摩擦角/(°)	泊松比	弹性模量/GPa	体积模量/GPa
砂砾岩	120	5.21	6.80	12.15	16	0.18	26.5	9.80
细粒砂岩	115	4.13	3.25	13.3	35	0.16	28.8	5.94
砂质泥岩	60	5.26	1.98	11.7	30	0.28	8.3	4.13
5#煤层	21	1.23	1.0	11.5	20	0.33	3.31	3.71
砂质泥岩	15	4.69	2.15	12.0	25	0.26	14.5	4.25
粗粒砂岩	145	1.56	6.50	15.3	34	0.22	23.1	9.32
中粒砂岩	140	1.72	3.43	14.0	37	0.19	28.1	6.23

3.4.2　数值模拟方案及分析

本书在研究沿空巷道基本顶结构和弧形三角岩块结构稳定性以及煤柱破坏形式的基础上,通过理论计算得到了区段小煤柱的合理宽度留设范围。为了得到更加确定的科学合理的煤柱尺寸,数值模拟方案主要模拟 5 种不同宽度小煤柱时的垂直应力分布、塑性区变化及垂直位移和水平位移变化规律。模拟方案为:宽度分别为 5 m、6 m、7 m、8 m、9 m 的煤柱,在沿空掘巷期间和工作面回采期间,根据选取煤柱尺寸的差异,分析巷道垂直应力的集中程度、塑性区的分布情况以及煤柱巷道的位移规律,从而确定科学合理的煤柱留设尺寸。

(1) 沿空掘巷期间小煤柱响应规律数值模拟分析

沿 8805 工作面采空区开掘 5800 回风顺槽期间,不同宽度时煤柱的垂直应力云图如图 3-8 至图 3-12 所示。

由留设不同宽度煤柱的垂直应力云图可以看出:对于留设 5 m 宽小煤柱进行沿空掘巷建立 8800 工作面时,煤柱内应力集中较明显,最大应力值为 37.4 MPa,煤柱内的垂直应力普遍大于 22.5 MPa。

与此同时,工作面实体煤也有垂直应力集中现象,峰值达 32.5 MPa,不但分布范围较大,而且大部分都高于 22.5 MPa;当留设 6 m 的煤柱宽度时,存在于煤柱中数值最大的垂直应力为 36.9 MPa,应力集中范围较 5 m 时稍大,但是不是特别明显,煤柱内应力也都大于 22.5 MPa。

工作面实体煤应力最大值达 32.5 MPa,与留设的煤柱宽度为 5 m 时最大值差

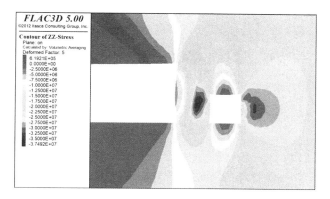

图 3-8　5 m 宽煤柱垂直应力云图

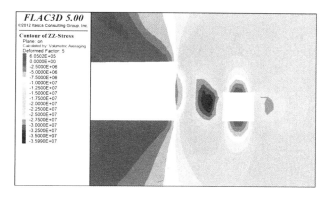

图 3-9　6 m 宽煤柱垂直应力云图

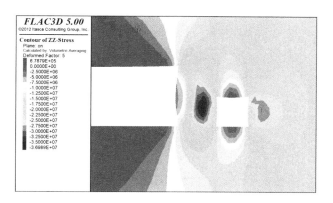

图 3-10　7 m 宽煤柱垂直应力云图

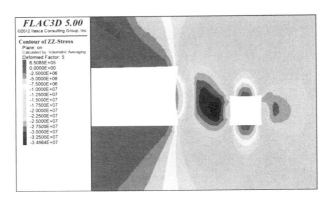

图 3-11 8 m 宽煤柱垂直应力云图

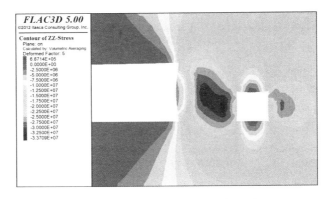

图 3-12 9 m 宽煤柱垂直应力云图

不多。与前两种方案不同的是,当留设煤柱宽度为 7 m 时,煤柱内应力最大值为 35.9 MPa,此时工作面实体煤应力最大值为 30 MPa,明显降低;留设的煤柱宽度为 8 m 时,煤柱内应力最大值为 34.6 MPa,继续减小趋势明显,但应力集中范围变大。

工作面实体煤应力峰值为 30 MPa,与留设 7 m 煤柱时相当,但是应力集中趋势明显增强;留设煤柱宽度为 9 m 时,煤柱内垂直应力最大值为 33.7 MPa,持续减小趋势明显,但应力集中范围变大也较为明显。

5 m、6 m、7 m、8 m、9 m 宽煤柱塑性区分布如图 3-13 至图 3-17 所示。当留设煤柱宽度为 5 m 时,煤柱内塑性区已经贯通,煤柱完全破坏,所以留设 5 m 宽度煤柱不利于维护巷道的稳定;当留设煤柱宽度为 6 m 时,煤柱中出现了弹性区,但塑性区分布仍然较多,煤柱破坏仍然较严重,所以留设 6 m 宽度煤柱不利于维护巷道的稳定;当留设煤柱宽度大于 6 m 时,煤柱中弹性区范围开始扩大,煤柱破坏程度减小并趋于稳定,巷道两帮和顶板的塑性区范围 1 m 左右。随着留设煤柱宽度的增大,塑性区分布范围没有明显变化,这说明增大留设煤柱宽度有利于维护巷道的稳定,但还应该将不同煤柱塑性区分布规律与应力相结合进行分析。

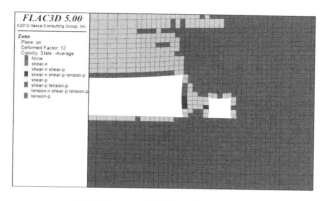

图 3-13　5 m 宽煤柱塑性区分布图

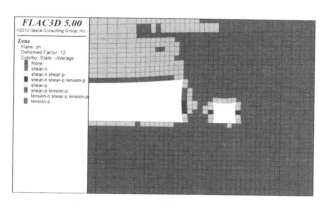

图 3-14　6 m 宽煤柱塑性区分布图

由以上留设不同宽度煤柱的应力云图和塑性区分布图可以得出如下结论:留设煤柱宽度为 5 m 时,煤柱中塑性区贯通,不利于维护巷道的稳定;当煤柱为 6 m 时,煤柱中出现了少许弹性区,但应力集中程度仍然较大。当留设煤柱宽度为 8 m、9 m 时,虽然煤柱中有较大范围的弹性区,而且煤柱内应力峰值也较小,但是应力集中范围较大。

沿空掘巷期间,不同尺寸煤柱相对应的位移云图如图 3-18 至图 3-27 所示。

通过以上留设 5 m、6 m、7 m、8 m、9 m 宽煤柱的位移云图可以看出:留设煤柱

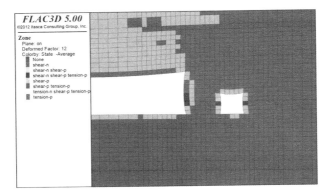

图 3-15　7 m 宽煤柱塑性区分布图

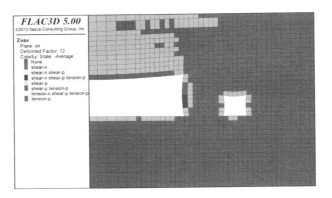

图 3-16　8 m 宽煤柱塑性区分布图

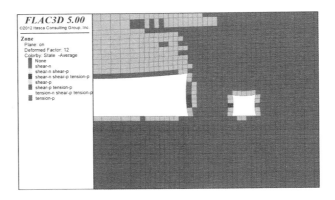

图 3-17　9 m 宽煤柱塑性区分布图

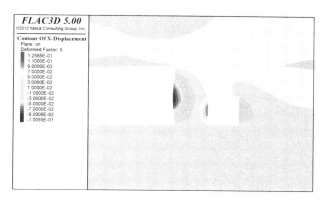

图 3-18　5 m 宽煤柱 x 轴方向位移云图

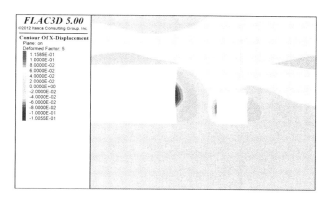

图 3-19　6 m 宽煤柱 x 轴方向位移云图

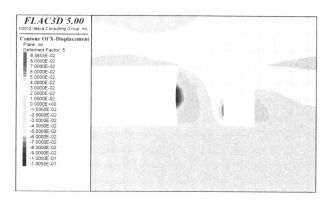

图 3-20　7 m 宽煤柱 x 轴方向位移云图

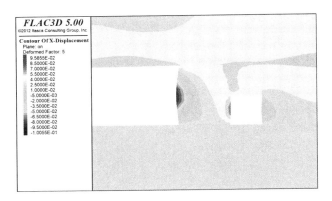

图 3-21　8 m 宽煤柱 x 轴方向位移云图

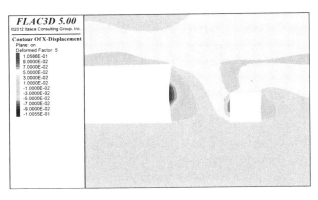

图 3-22　9 m 宽煤柱 x 轴方向位移云图

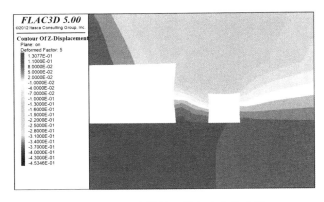

图 3-23　5 m 宽煤柱 z 轴方向位移云图

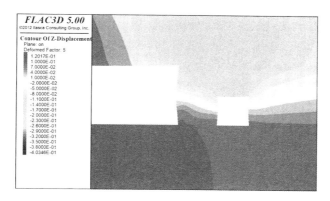

图 3-24 6 m 宽煤柱 z 轴方向位移云图

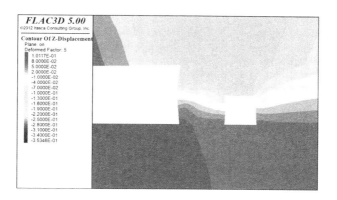

图 3-25 7 m 宽煤柱 z 轴方向位移云图

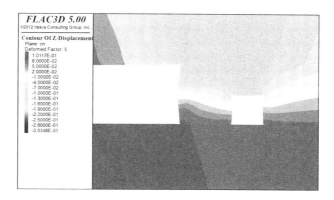

图 3-26 8 m 宽煤柱 z 轴方向位移云图

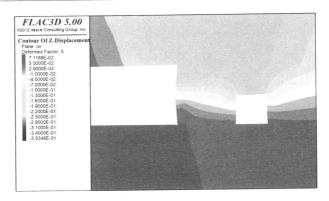

图 3-27　9 m 宽煤柱 z 轴方向位移云图

宽度为 5 m 时,小煤柱向 5800 回风顺槽的水平方向位移的最大值为 80 mm,垂直方向位移最大值为 120 mm,5800 巷道顶板下沉量的最大值为210 mm。留设煤柱宽度为 6 m 时,巷道顶板最大下沉量为 180 mm,煤柱向 5800 回风顺槽的水平位移最大值为 90 mm,变形比 5 m 宽煤柱相对要大。留设 7 m 宽煤柱时,5800 巷道顶板下沉量显著减小,最大值为 160 mm,与留设 5 m、6 m 宽煤柱相比,煤柱中垂直位移相对较小,最大值为 90 mm,煤柱最大水平位移为 60 mm,发生变形的情况相比于 5 m、6 m 宽煤柱也相对较小。留设煤柱宽度为 8 m 时,煤柱内垂直方向位移最大值与 7 m 宽煤柱大小接近,水平方向最大位移为70 mm,但变形破坏的范围有减小的趋势,5800 回风顺槽顶板下沉量最大值为 140 mm。留设煤柱宽度为 9 m 时,5800 回风顺槽顶板下沉量最大值为 180 mm,煤柱在水平方向的位移与留设 8 m 宽煤柱时大小接近,垂直方向最大位移为60 mm,且变形破坏范围有所减小。

综上可以看出:当煤柱的留设宽度为 5 m、6 m、7 m 时,煤柱内应力的最大值较小,巷道没有产生较大变形,此时巷道较稳定。当留设煤柱宽度为 8 m、9 m 时,煤柱内应力减小趋势再次增大。然而留设 9 m 宽煤柱时与 7 m、8 m 宽煤柱相比,在巷道变形方面不占优势。

(2) 回采期间小煤柱响应规律数值模拟分析

本模拟是在工作面从开切眼向前推进 60 m 的背景下进行的,模拟分析不同宽度煤柱内应力重新分布规律、塑性区分布状态、水平位移分布和垂直位移分布。回采阶段,不同宽度煤柱垂直应力分布如图 3-28 至图 3-32 所示。

通过对工作面向前推进 60 m 时留设不同宽度煤柱的垂直应力云图的分析可知:工作面采动的影响引起应力重分布,与沿空掘巷期间相比,垂直应力有所增大。当留设煤柱宽度为 5 m 时,煤柱内垂直应力最大值为 38.2 MPa,煤柱内应力大部分大于 25 MPa;当留设煤柱宽度为 6 m 时,煤柱内垂直应力的峰值为

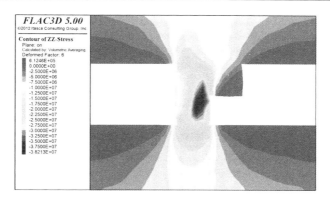

图 3-28　5 m 宽煤柱垂直应力云图

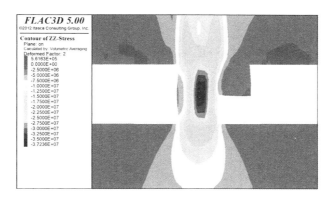

图 3-29　6 m 宽煤柱垂直应力云图

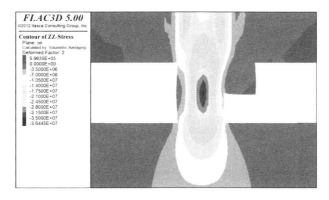

图 3-30　7 m 宽煤柱垂直应力云图

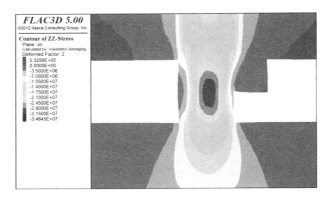

图 3-31　8 m 宽煤柱垂直应力云图

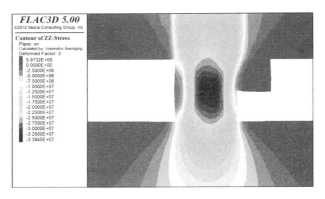

图 3-32　9 m 宽煤柱垂直应力云图

37.2 MPa,位于煤柱中央,此时煤柱内应力集中范围略有扩大;当留设煤柱宽度为 7 m 时,最大垂直应力依旧出现在煤柱中央,但应力集中程度明显降低,此时应力最大值数值为 36.4 MPa;留设煤柱宽度 8 m 时,煤柱垂直方向应力最大值为 34.8 MPa,煤柱内应力集中现象已经不是很明显,且应力集中有向采空区侧移近趋势;当留设煤柱宽度为 9 m 时,应力数值减小明显。

　　工作面向前推进 60 m 时不同宽度煤柱塑性区分布云图如图 3-33 至图 3-37 所示。通过分析宽度为 5 m、6 m、7 m、8 m、9 m 煤柱相对应的塑性区分布云图可以得出:由于受工作面回采的影响,当留设煤柱宽度为 5 m 时,煤柱内部剪切破坏现象严重,全部为塑性破坏区,此时煤柱已经不具备承受荷载的能力,不利于维护工作面的稳定,因此应选择留设宽度为 5 m 以上的煤柱。当留设煤柱宽度为 6 m 时,煤柱中间出现了 2 m 左右的弹性区,但塑性区分布范围仍然较大,靠近上区段采空区的塑性区宽度约为 2 m,靠近 5800 回风顺槽的塑性区宽度约为 1 m,此时煤柱仍然无法承载上覆岩层传来的荷载,巷道的稳定性没有办法得到保证。当留设煤柱的宽度为 7 m 时,煤柱中弹性区范围显著增大,约占整个弹性区的 60%,煤柱有着较高的承载能力,在锚杆、锚索的支护作用下,工作面能够保持较好的稳定性。当留设煤柱的宽度为 8 m 时,煤柱内部弹性区范围有继续扩大的趋势,这个时候煤柱处于比较稳定的状态。当留设煤柱宽度为 9 m 时,弹性区宽度增大至 6 m,煤柱的承载能力较强,有利于维护整个工作面的稳定。

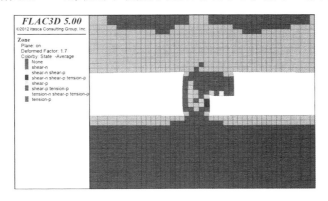

图 3-33　5 m 宽煤柱塑性区分布云图

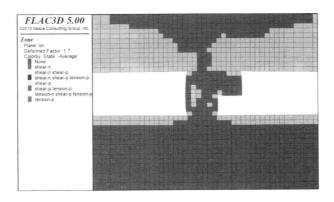

图 3-34　6 m 宽煤柱塑性区分布云图

8800 工作面回采期间,宽度为 5 m、6 m、7 m、8 m、9 m 煤柱对应的位移云图如图 3-38 至图 3-47 所示。

通过分析以上留设 5 m、6 m、7 m、8 m、9 m 宽煤柱的位移云图,得出如下结论:留设煤柱的宽度为 5 m 时,由于受工作面回采的影响,5800 巷道顶板下沉量最大值为 290 mm,煤柱内的变形趋势进一步增强,垂直方向最大位移为

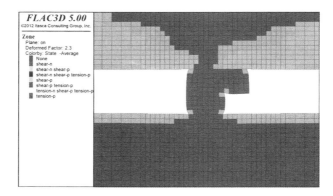

图 3-35　7 m 宽煤柱塑性区分布云图

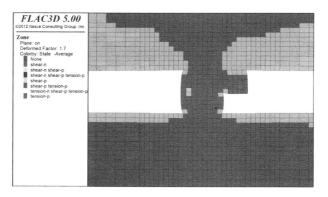

图 3-36　8 m 宽煤柱塑性区分布云图

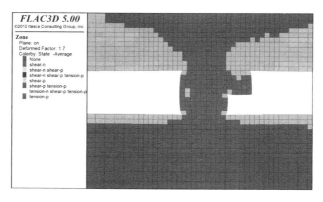

图 3-37　9 m 宽煤柱塑性区分布云图

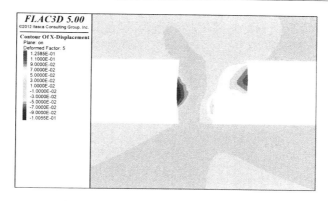

图 3-38　5 m 宽煤柱 x 轴方向位移云图

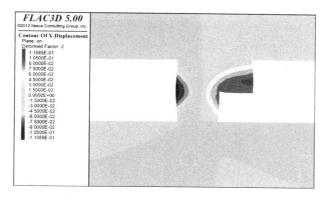

图 3-39　6 m 宽煤柱 x 轴方向位移云图

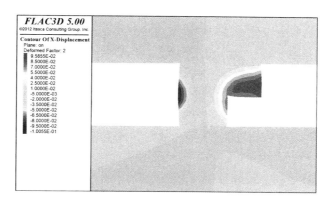

图 3-40　7 m 宽煤柱 x 轴方向位移云图

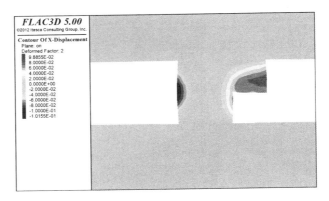

图 3-41　8 m 宽煤柱 x 轴方向位移云图

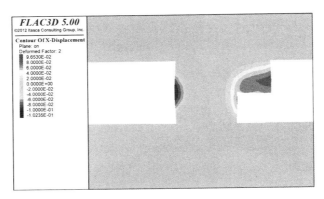

图 3-42　9 m 宽煤柱 x 轴方向位移云图

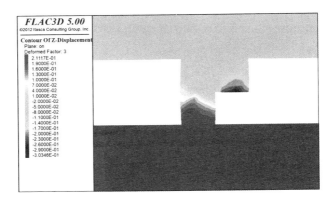

图 3-43　5 m 宽煤柱 z 轴方向位移云图

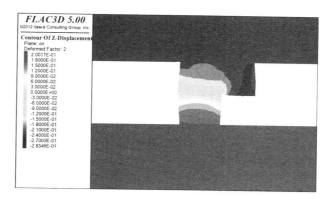

图 3-44 6 m 宽煤柱 z 轴方向位移云图

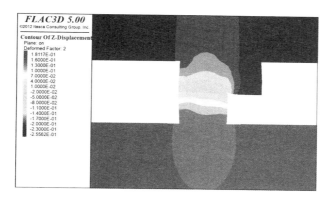

图 3-45 7 m 宽煤柱 z 轴方向位移云图

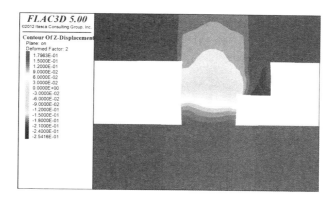

图 3-46 8 m 宽煤柱 z 轴方向位移云图

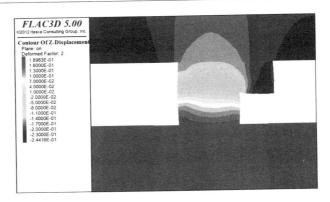

图 3-47   9 m 宽煤柱 z 轴方向位移云图

210 mm,垂直方向的位移普遍大于 150 mm。留设煤柱的宽度为 6 m 时,顶板
下沉量为 260 mm,与 5 m 宽煤柱相比,减小趋势已经很明显,煤柱内最大垂直
位移为 190 mm,虽然有所减小,但变形仍然较大。当留设煤柱宽度大于 6 m
时,可以发现顶板下沉量随留设煤柱宽度的增大基本保持不变,同时左右两帮的
位移基本保持不变。

   综合以上分析可以得出:当留设煤柱宽度为 5 m 时,煤柱已经完全破坏,不
具有承载能力,不利于维护巷道的稳定。6 m 宽煤柱虽然有了一定的弹性区,但
是煤柱受到的垂直应力较大,对于维护巷道保持稳定状态也是不合适的。留设
8 m、9 m 宽煤柱时,虽然此时煤柱内应力相对较小,弹性区范围较大,且在支护
作用下巷道变形也较小,但此时应力的集中范围较大,与留设 7 m 宽煤柱相比,
并不占优势。因此 8800 工作面沿空掘巷小煤柱宽度为 5.4~7 m,且当煤柱宽
度取 7 m 时,沿空巷道围岩顶板断裂结构下方处于应力降低区,便于巷道围岩
控制,保证采掘期间的围岩稳定。

4　小煤柱护巷支护参数设计

为了设计适用于 5800 巷道的支护参数,并保证巷道在服务期内正常使用的科学合理的支护方案,需要在结合巷道具体情况的前提下,以沿空掘巷围岩控制理论为基础进行支护方案设计。设计方案支护条件下的 5800 巷道应满足以下要求:

(1) 保证巷道在服务期间其形状和断面尺寸满足安全需要。

(2) 具有保证人员和设备正常工作所需的空间。

4.1　小煤柱护巷围岩控制基本原理

4.1.1　保持围岩整体性

在巷道整个服务期内保持围岩的整体性,是保持和发挥围岩支护能力的基础,也是围岩控制谋求的最佳技术效果。采掘施工前的原岩(煤)体,虽然强度较低,但是在原岩应力作用下仍然保持其整体结构,结构不会破坏,是新围岩控制原理的自然佐证。

因此,煤层巷道围岩控制的核心是保持围岩(煤)体整体性。

(1) 保持围岩(煤)体整体性,是保证和发挥围岩的承载能力,使巷道围岩作为承载结构和发挥支撑作用的前提。

(2) 保持围岩(煤)体整体性,即巷道围岩不破坏,这是巷道围岩控制的核心目标,是巷道围岩稳定的标志。

(3) 只有在保持整体性的围岩(煤)体结构中,巷道锚杆、锚索、支架等人工支护,才能充分发挥其技术功能,取得预期支护效果。

保持围岩(煤)体整体性,施工环节是重中之重,在掘巷后、支护施工前,围岩(煤)体不发生结构破坏,即坚持短进尺、及时支护、围岩完整的掘进支护理念。必须采取的技术措施包括:

(1) 减少巷道开凿对巷道围岩体的扰动,综掘减小循环进尺,以保持掘进毛断面周边可见齿痕为标准;爆破掘进实施光面爆破,以保持掘进毛断面周边空眼半边眼痕为标准。

（2）及时支护，缩短巷道无支护时间，抑制围岩变形向结构破坏转化。

4.1.2　巷道围岩整体强化

若围岩控制措施得到严格实施，并取得预期的技术效果，即围岩（煤）体始终保持整体状态，则围岩失稳的起始点只能出现在巷道周边。此时，围岩控制的关键是在巷道周边围岩形成整体加固层，提供保持围岩完整性所需的边界支护阻力。

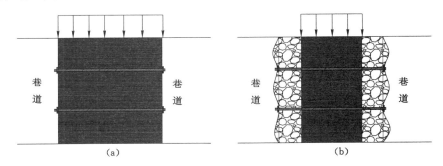

图 4-1　小煤柱失稳示意图

巷道周边整体强化原则的落实，包括选择具体强化方式和确定边界支护能力。在施工上述支护时，必须剥离已破裂离层的表面围岩，注浆加固深部围岩（煤）体裂隙，新施工的表面喷筑层与实体围岩（煤）体外表面紧密贴合，不留空隙。由于实际工程岩（煤）体内在结构的复杂性与非均质性，采用工程类比法，根据附近相同条件下工程实践资料，预测巷道边界围岩（煤）支护结构体强度，选取支护参数，仍是相对可靠、条件相关可对比、实际工程中常采用的方法。

4.1.3　小扰动掘进与顶板协同控制

5800 巷道掘进工作面采用综掘机割煤。割煤顺序遵照从巷道下方中央开始，巷道顶板和两帮预留 300 mm 边界，按照垂直煤壁的方式割煤，保证巷道边缘留有综掘机割煤齿痕，割煤方式如图 4-2 所示。

对于留设区段小煤柱巷道，必须强化超前支护，以保证采动应力扰动条件下的巷道围岩稳定。

（1）在巷道围岩保持完整性、稳定性的条件下，开始巷道超前加强支护，架设一梁三柱支架，间距为 1.0 m；全部采用单体液压支柱，保证初始工作阻力，超前支护范围为 50~60 m。

（2）保证沿护巷煤柱两侧附近均有 1 排支柱。

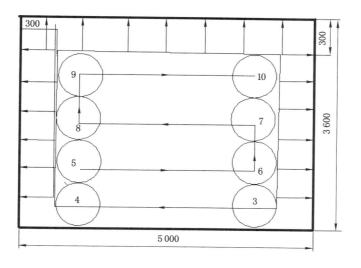

图 4-2　5800 巷道综掘割煤方式(单位:mm)

（3）密切监测围岩活动,如发现顶底板移近,则增大支架密度,即在架间增设 1 套支架。

（4）在护巷煤柱采空区侧,沿煤柱边缘打设切顶钻孔,钻孔深度为 15 m,间距为 0.5 m,随着工作面推进布置切顶钻孔,切顶卸压的效果如图 4-3 所示。

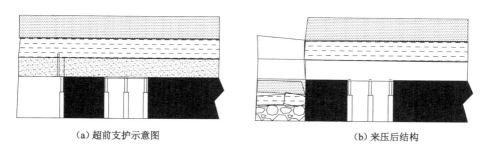

（a）超前支护示意图　　　　　　　　　（b）来压后结构

图 4-3　小煤柱超前切顶护巷示意图

4.2　小煤柱巷道荷载分析

4.2.1　承载结构的力学分析

（1）力学模型

由沿空留巷顶板运动特征可知:基本顶关键块在破断旋转过程中,下位岩体处于给定变形状态,由此建立力学模型,如图 4-4 所示,以基本顶侧向断裂旋转基点为坐标系原点建立直角坐标系。

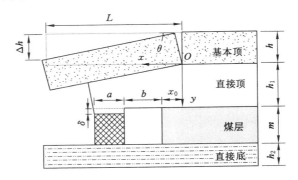

图 4-4　沿空巷道力学模型

回采工作面推进过后,基本顶岩梁侧向断裂,断裂结构作用在实体煤中将会增大实体煤的荷载,断裂岩梁由破碎巧石和实体煤共同支护。

图 4-4 中 a 为墙宽,b 为巷宽,x_0 为基本顶旋转基点到煤帮的水平距离,θ 为关键块的旋转角度,l 为基本顶关键块长度,Δh 为基本顶最大下沉量;h,h_1,m,h_2 分别为基本顶、直接顶、煤层和直接底的厚度。

（2）煤柱及顶板受力包括两部分——直接顶荷载和基本顶荷载

巷道的顶板荷载为直接顶荷载,根据采场矿压理论,基本顶主关键块承载了大部分覆岩的压力,因此基本顶成为锚杆支护过程中的重点。基本顶荷载则作用于煤柱,通常情况下基本顶压力相当于 $n=4\sim8$ 倍采高岩层的重力,通过计算可求得煤柱所受荷载。

基本顶断裂基点至沿空留巷煤帮的水平距离为 x_0,位于小煤柱巷道实体煤侧。

4.2.2　煤柱荷载集度计算

在分析沿空掘巷巷道顶板荷载分布规律的基础上引入等效荷载概念,建立了基于岩梁倾斜理论的简化顶板等效荷载力学模型。图 4-5 为锚杆支护参数计算图。

（1）两帮煤体受挤压深度 C

$$C = \left(\frac{K\gamma HB}{1\,000 f_c K_c} \cos \frac{\alpha}{2} - 1 \right) \cdot h \cdot \tan \left(45° - \frac{\varphi}{2} \right) \tag{4-1}$$

式中　K——自然平衡拱角应力集中系数,与巷道断面形状有关,矩形断面取 2.8;

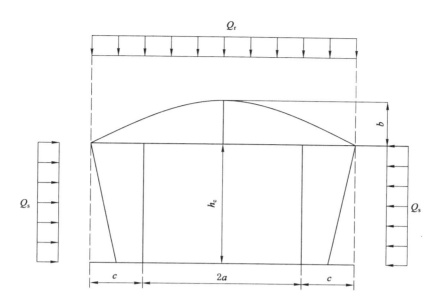

图 4-5　巷道受力参数计算图

γ——上覆岩层平均重度,取 25 kN/m³;

H——巷道埋深,取 230 m;

B——固定支撑力压力系数,实体煤帮取 0.4,小煤柱帮取 0.8;

f_c——煤层普氏系数,取 3;

K_c——煤体完整性系数,实体煤帮取 1,小煤柱帮取 2;

α——煤层倾角,取 3°;

h——巷道掘进高度,取 3.6 m;

φ——煤摩擦角,取 44.9°。

计算求得:

实体煤侧:

$$C_1 = \left(\frac{2.8 \times 25 \times 230 \times 0.4}{1\,000 \times 3 \times 1} \times \cos\frac{3°}{2} - 1\right) \times 3.6 \times \tan\left(45° - \frac{44.9°}{2}\right) = 1.71 \text{ (m)}$$

小煤柱侧:

$$C_2 = \left(\frac{2.8 \times 25 \times 230 \times 0.8}{1\,000 \times 3 \times 2} \times \cos\frac{3°}{2} - 1\right) \times 5 \times \tan\left(45° - \frac{44.9°}{2}\right) = 2.37 \text{ (m)}$$

(2)顶板冒落高度

$$b = \frac{a + C}{K_y f_y} \cos\alpha \qquad\qquad (4\text{-}2)$$

式中　a——顶板有效跨度之半,取 2.5 m;

　　　C——两帮煤体受挤压深度;

　　　f_y——直接顶普氏系数,取 4;

　　　K_y——直接顶煤岩类型系数,取 0.45,$f_y=4\sim6$ 时取 0.6;

　　　α——煤层倾角,取 3°。

当在小煤柱侧达到最大挤压深度,即 $C=2.3$ 时,有:

$$b=\frac{2.5+2.37}{0.45\times4}\times\cos3°=2.7\ (\text{m})$$

(3)巷道两帮荷载集度值 Q_s

$$Q_s=KnC\gamma_m\left[h\sin\alpha+b\cos\frac{\alpha}{2}\tan\left(45°-\frac{\varphi}{2}\right)\right] \tag{4-3}$$

式中　K——自然平衡拱角应力集中系数,与巷道断面形状有关,矩形断面取 2.8;

　　　n——采动影响系数,一般为 2~5,取 4;

　　　C——两帮煤体受挤压深度;

　　　γ_m——煤体重度,取 15 kN/m³;

　　　h——巷道掘进高度,取 3.6 m;

　　　α——煤层倾角,取 3°;

　　　b——顶板冒落高度;

　　　φ——煤体内摩擦角,取 44.9°。

故求得:

$$Q_s=2.8\times4\times2.37\times15\times\left[3.6\times\sin3°+2.7\times\cos\frac{3°}{2}\times\tan\left(45°-\frac{44.9°}{2}\right)\right]$$

$$=521.25\ (\text{kN/m})$$

(4)顶板荷载集度 Q_r

$$Q_r=\gamma2abK_a\cos\frac{\alpha}{2}\left(1+\frac{\lambda\gamma H}{1\,000K_y\sigma_{cr}}\right) \tag{4-4}$$

式中　γ——煤体重度,取 15 kN/m³;

　　　a——顶板有效跨度之半,取 2.5 m;

　　　b——顶板冒落高度;

　　　K_a——采动影响系数,取 2;

　　　α——煤层倾角,取 3°;

　　　λ——考虑水平应力作用的侧压力系数,取 0.5;

　　　K_y——顶板岩层完整性系数,取 1;

　　　σ_{cr}——顶板岩石单轴抗压强度。

代入参数得：

$$Q_r = 25 \times 5 \times 2.7 \times 2 \times \cos\frac{1.5°}{2} \times \left(1 + \frac{0.5 \times 25 \times 230}{1\,000 \times 1 \times 19.464}\right) = 774.43 \ (\text{kN/m})$$

4.3　锚杆(索)支护设计

由于5800巷道断面形状为矩形,而矩形巷道的顶板较其他断面形状的巷道顶板承受的压力较大,从而经常容易出现冒落拱,但是为了使矿井能够安全生产和巷道处于相对稳定的状态,因此必须将锚索打穿冒落拱,以达到将破碎不稳定围岩悬吊在深部较稳定岩层上。因此,基于悬吊理论对5800巷道的支护参数进行如下计算。

4.3.1　锚杆参数确定

(1)锚杆长度

$$L_g \geqslant kL_2 + L_3 + L_1 \tag{4-5}$$

式中　L_g——锚杆总长,m;

L_2——锚杆有效长度,m;

k——安全系数,取 $k=1$;

L_3——锚杆锚固长度,一般取 0.6 m;

L_1——锚杆外露长度,一般取 0.15 m。

$$L_2 = a/2f \tag{4-6}$$

式中　a——巷道宽度,取 5 m;

f——普氏系数,取 2。

将5800巷道实际数据代入式(4-5)和式(4-6),得：

$$L_2 = 5/(2 \times 2) = 1.25 \ (\text{m})$$

$$L_g \geqslant 1 \times 1.25 + 0.6 + 0.15 = 2 \ (\text{m})$$

因此锚杆长度为2.4 m。另外,锚杆支护中,需将锚杆的锚固端打入稳定的岩层中,因此,锚杆的长度一定要大于两帮的塑性区范围,但又不能超出小煤柱的弹性稳定区域,这样才能起到很好的锚固作用,计算得出小煤柱靠近巷道一侧的塑性区范围为 1.42 m,靠近采空区侧的塑性区范围为 1.57 m[据式(4-18)至式(4-20)],也就是说,小煤柱内部的弹性稳定区域范围为距离巷道表面 1.42～5.43 m,因此选用2.4 m长的锚杆对小煤柱帮进行支护是完全可行的。进而验证得出两帮锚杆长度选取2.4 m是可行的。

（2）锚杆直径

$$d = 0.51\sqrt{\frac{Q_g}{R_2}} \tag{4-7}$$

式中　Q_g——锚杆锚固力，80 kN；

R_2——锚杆抗拉强度，取 540 MPa。

将实际数据代入式（4-7），得：

$$d = 19.63 \text{ mm}$$

故锚杆直径取 20 mm。

（3）锚杆间、排距

$$m_g = S_g \leqslant \sqrt{\frac{Q_g}{kL_2\gamma}} \tag{4-8}$$

式中　γ——岩石重度，取 25 kN/m³；

k——安全系数，取 3；

Q_g——锚杆的锚固力，根据现场情况取 80 kN；

L_2——锚杆的有效长度，取 1.25 m。

将实际参数代入式（4-8），得：

$$m_g = 0.923\ 8 \text{ m}$$

由式（4-8）计算结果显示间、排距不大于 0.923 8 m，因此根据现场实际情况确定锚杆排距为 0.9 m，帮锚杆间距为 800 mm。除此之外，为了加强顶板的稳定性，决定在顶板的每一排中多布置 1 根锚杆，即顶板锚杆间距为 750 mm。

同时，在对 5800 巷道围岩实际变形情况进行观测的时候发现顶板的两肩以及两帮下部的变形相对较大，因此，在 5800 巷道顶板两肩各布置 1 根距离顶板两肩 250 mm 且与顶板呈 60°夹角的锚杆，在巷道两帮的下部各布置 1 根距离最后 1 根水平锚杆 400 mm 且与水平方向夹角为 30°的锚杆。

综上所述，锚杆的支护参数见表 4-1。

表 4-1　锚杆支护参数

名称	长度/mm	直径/mm	间距×排距/mm×mm	锚固力/kN
顶板	2 400	20	750×900	≥80
实体煤帮	2 400	20	800×900	≥50
煤柱帮	2 400	20	800×900	≥50

4.3.2　锚索参数确定

4.3.2.1　顶板锚索

（1）顶板锚索长度

$$L_s = L_1 + L_2 + L_3 \tag{4-9}$$

式中　L_1——锚索的外露长度，取 0.2 m；

　　　L_2——锚索的有效长度，m；

　　　L_3——锚索的锚固长度，取 1.7 m。

顶板锚索的有效长度等同于顶板的垮落带高度，为了计算 L_2，通过对大量垮落现象分析研究，总结得出了垮落带高度的计算公式。

$$L_2 = w\left\{ a + b\left[\cot \alpha + \cot\left(45° + \frac{\varphi_d}{2} \right) \right] \right\} \tag{4-10}$$

式中　w——经验系数；

　　　a——巷道宽度，m；

　　　b——巷道高度，m；

　　　α_1——巷道两帮与底板夹角，取 90°；

　　　φ_d——巷道顶板岩石（煤）的内摩擦角。

将 5800 巷道实际参数代入式（4-10）得：

$$L_2 = 6.87 \text{ m}$$

由锚索的支护原理可以得出：顶板锚索的长度取决于上覆岩层中坚硬岩层距巷道顶板的距离，锚索的锚固段一般要打入坚硬岩层内 2～3 m，且锚索里端打在顶板的力学关键部位时取得的支护效果最好。结合上述公式，最终计算得到顶板锚索长度：

$$L = 0.2 + 6.78 + 1.7 = 8.68 \text{（m）}$$

为了有效提高巷道支护效果，结合经验取顶板锚索长度 $L = 9$ m。

（2）顶板锚索直径

$$d = 37.22\sqrt{\frac{Q_s}{R_1}} \tag{4-11}$$

式中　Q_s——锚索锚固力，取 150 kN；

　　　R_1——锚索抗拉强度，取 1 770 MPa。

将实际参数代入得：

$$d = 37.22 \times \sqrt{\frac{150}{1\,770}} = 10.835 \text{（mm）}$$

为了加强巷道支护,此处 $d=17.8$ mm。

（3）顶板锚索排距

$$S_s = \frac{3\sigma_d}{4a^2 \gamma k} \tag{4-12}$$

式中　σ_d——每根锚索最低破断荷载,$\sigma_d=355$ kN;

　　　γ——岩石重度,$\gamma=25$ kN/m³;

　　　a——巷道宽度,5 m;

　　　k——安全系数,取 0.5。

将实际参数代入得:

$$S_s = \frac{3 \times 355}{4 \times 5^2 \times 25 \times 0.5} = 0.852 \text{（m）}$$

根据计算,选择顶板锚索排距为 900 mm。

（4）顶板锚索间距

$$m_s = \frac{0.85a}{n} \tag{4-13}$$

式中　n——每排锚索数量,3 根;

　　　a——巷道宽度,5 m。

将实际参数代入得:

$$m_s = 1.416 \text{ m}$$

此处取顶板锚索间距为 1.6 m。

（5）顶板锚索实际锚固长度检验

$$L_3^1 = \frac{L_0 D_1^2}{D_0^2 - d^2} \tag{4-14}$$

式中　L_0——树脂卷长度,用 2 根锚固,即 0.75 m×2=1.5 m;

　　　L_3^1——实际锚固长度,mm;

　　　D_0——钻孔直径,$D_0=28$ mm;

　　　D_1——树脂卷直径,$D_1=23$ mm;

　　　d——锚索直径,$d=17.8$ mm。

将实际参数代入得:

$$L_3^1 = \frac{1\,500 \times 23^2}{28^2 - 17.8^2} = 1\,699 \text{（mm）}$$

与之前锚索锚固长度取 1.7 m 吻合。

（6）顶板锚索锚固力检验

$$k = \frac{\sigma_d}{Q_s} \geqslant 1.5 \tag{4-15}$$

式中　σ_d——每根锚索最低破断荷载,kN;

　　　Q_s——锚索锚固力,kN。

将实际参数代入得:

$$k = \frac{355}{150} = 2.367 \geqslant 1.5$$

因此,顶板锚索锚固力符合设计要求。

4.3.2.2　帮部锚索

(1)帮部锚索长度

$$L_s = L_1 + L_2 + L_3 \tag{4-16}$$

式中　L_s——锚索长度;

　　　L_1——锚索外露长度,取 0.25;

　　　L_3——锚索锚固长度,取 1.0 m;

　　　L_2——锚索有效长度。

当 $f \leqslant 3$ 时:

$$L_2 \geqslant \frac{\dfrac{a}{2} + b\cot\left(45° + \dfrac{\varphi}{2}\right)}{f} \tag{4-17}$$

式中　f——普氏系数,取 2;

　　　a——巷道宽度,$a = 5$ m;

　　　b——巷道高度,$b = 3.6$ m;

　　　φ——岩石内摩擦角,$\varphi = 20°$。

将实际参数代入得:

$$L_2 \geqslant \frac{\dfrac{5}{2} + 3.6 \times \cot\left(45° + \dfrac{20°}{2}\right)}{2} = 2.51 \text{（m）}$$

所以可得:

$$L = L_1 + L_2 + L_3 = 0.25 + 2.51 + 1 = 3.76 \text{（m）}$$

为了提高支护强度,此处取 4.3 m。基于锚杆(索)支护原理可知提高锚杆(索)的可锚性是提高锚杆(索)支护效果的主要手段,这就要求将锚杆(索)的锚固端尽可能置于稳定岩体中,尤其是破碎程度相对较大的小煤柱帮,因此为了促进5800 巷道围岩稳定,有必要对 5800 巷道留设的 7 m 宽保护煤柱的内部塑性区和弹性区划分情况进行分析和计算,用以检验帮锚索长度的选取是否合理。

① 小煤柱靠近采空区侧塑性区范围计算。

计算公式为:

$$x_1 = \frac{m\mu/(1-\mu)}{2\tan\varphi}\ln\frac{k_1\gamma h + \dfrac{C}{\tan\varphi}}{\dfrac{C}{\tan\varphi} + \dfrac{P_z}{\mu/(1-\mu)}} \tag{4-18}$$

式中　m——煤层厚度，m；

　　　μ——泊松比；

　　　φ——内摩擦角，(°)；

　　　C——黏聚力，MPa；

　　　k_1——应力集中系数；

　　　γ——岩石重度，取 25 kN/m³；

　　　h——巷道埋深，m；

　　　P_z——支护阻力，取 0。

将实际参数代入得：

$$x_1 = 1.57 \text{ m}$$

② 小煤柱靠近巷道一侧塑性区范围计算。

对于圆形巷道而言，靠近巷道一侧的塑性区范围为：

$$x_2 = r_1\left[2\,\frac{C\cot\varphi + \gamma h}{\left(1 + \dfrac{\sigma_{\theta p} + C\cot\varphi}{\sigma_{rp} + C\cot\varphi}\right)(p + C\cot\varphi)}\right]^{\frac{1}{\frac{\sigma_{\theta p} + C\cot\varphi}{\sigma_{\gamma p} + C\cot\varphi} - 1}} \tag{4-19}$$

5800 巷道断面为矩形，而非圆形巷道的塑性区范围大小目前仍不能根据理论确定，因此将矩形巷道视为半径为该巷道外接圆半径的圆形巷道来进行近似计算，并乘以修正系数，得到矩形巷道的塑性区范围，公式如下：

$$x_2 = \beta_1 r_1\left[2\,\frac{C\cot\varphi + \gamma h}{\left(1 + \dfrac{\sigma_{\theta p} + C\cot\varphi}{\sigma_{rp} + C\cot\varphi}\right)(p + C\cot\varphi)}\right]^{\frac{1}{\frac{\sigma_{\theta p} + C\cot\varphi}{\sigma_{\gamma p} + C\cot\varphi} - 1}} \tag{4-20}$$

式中　β_1——修正系数；

　　　r_1——矩形巷道外接圆半径，m；

　　　σ_{rp}——径向应力，MPa；

　　　$\sigma_{\theta p}$——切向应力，MPa。

将实际数据代入得：

$$x_2 = 1.42 \text{ m}$$

通过以上计算可以得出：5800 巷道小煤柱内部的弹性区域范围为 4.01 m，也就是小煤柱内部的中间有 4.01 m 的稳定区域。当锚杆和锚索的锚固端位于该弹性区域内时，锚杆和锚索的锚固作用较强，有利于巷道的稳定。

锚索支护中,锚索的长度一定要大于两帮的塑性区范围,但又不能超出小煤柱的弹性稳定区域,这样才能起到很好的锚固作用。由式(4-20)计算得出小煤柱靠近巷道一侧的塑性区范围为 1.42 m,靠近采空区侧的塑性区范围为 1.57 m,也就是说,小煤柱内部的弹性稳定区域范围为距离巷道表面 1.42~5.43 m,因此选用 4.3 m 长的帮锚索来对小煤柱帮进行支护是完全可行的。进而验证得出帮锚索长度选取 4.3 m 是可行的。

（2）帮锚索直径

$$d = 37.22\sqrt{\frac{Q_s}{R_1}} \tag{4-21}$$

式中　Q_s——锚索锚固力,取 150 kN;

　　　R_1——锚索抗拉强度,取 1 770 MPa。

将实际参数代入得:

$$d = 37.22\sqrt{\frac{150}{1\ 770}} = 10.835\ (\text{mm})$$

为了加强巷道支护,选择 $d = 17.8$ mm。

（3）帮锚索间、排距

$$m_s = S_s = \sqrt{\frac{Q_s}{k\gamma L_2}} \tag{4-22}$$

式中　Q_s——锚索的锚固力,取 150 kN;

　　　k——安全系数,取 4;

　　　γ——重度,取 25 kN/m³;

　　　L_2——锚索的有效长度,取 1.699 m;

　　　m_s——锚索间距,m;

　　　S_s——锚索排距,m。

将实际参数代入得:

$$m_s = S_s = \sqrt{\frac{150}{4 \times 25 \times 1.699}} = 0.939\ (\text{m})$$

为了提高支护强度,取两帮锚索的排距为 900 mm。

但是通过第 2 章中对 5800 巷道矿压显现的实际情况的分析得出:实体煤帮的表面位移相对于小煤柱帮较小,且实体煤帮围岩的整体性相比于小煤柱帮较好,以及对支护成本的考虑,因此在确保矿井安全生产的前提下,决定对实体煤侧使用单锚索支护,即帮锚索的布置参数为:小煤柱帮锚索的间、排距为 900 mm×900 mm,在实体煤帮的中间位置布置一排单锚索,排距为 900 mm。

（4）帮锚索锚固力检验

$$k = \frac{\sigma_d}{Q_s} \geqslant 1.5 \qquad (4\text{-}23)$$

式中　σ_d——每根锚索最低破断荷载,kN;

　　　Q_s——锚索锚固力,kN。

将实际参数代入得:

$$k = \frac{355}{150} = 2.367 \geqslant 1.5$$

因此帮锚索锚固力符合设计要求。

综上所述,锚索支护参数见表 4-2。

表 4-2　锚索支护参数

名称	长度/mm	直径/mm	间距×排距/mm×mm	锚固力/kN
顶板	9 000	17.8	1 600×900	≥100
实体煤帮	4 300	17.8	900(单排布置,排距)	≥80
煤柱帮	4 300	17.8	900×900	≥80

4.3.3　其他支护参数确定

4.3.3.1　金属网

巷道顶板及实体煤帮金属网均选用 10# 铁丝编织的金属菱形网,其规格为 3 000 mm×3 000 mm,网片之间搭接长度不小于 100 mm。用双股 16# 铁丝拧结捆扎,每隔 200 mm 捆扎 1 道,拧结不少于 3 圈。小煤柱帮采用 8# 钢筋网,其规格为 3 000 mm×1 000 mm。

4.3.3.2　其他支护配件

(1)锚索托盘

规格为 300 mm×300 mm×16 mm。

(2)W 形钢带

规格为 300 mm×5 mm。

(3)锚杆小垫

规格为 150 mm×150 mm×10 mm。

巷道支护设计如图 4-6 所示,参数见表 4-3。

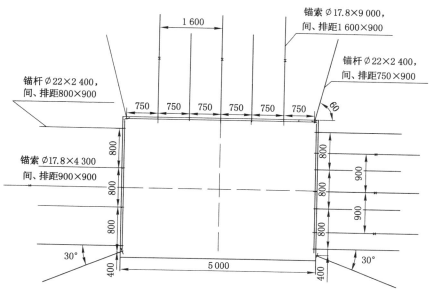

（a）巷道断面支护

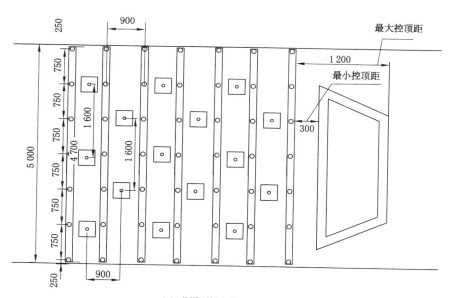

（b）巷道顶板支护

图 4-6　巷道支护设计示意图（单位：mm）

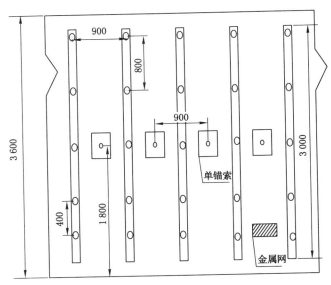

（c）实体煤帮支护

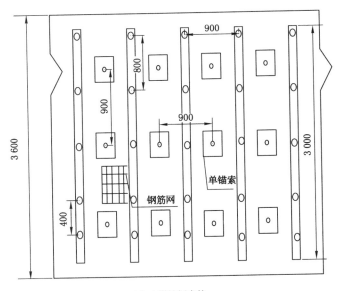

（d）小煤柱侧支护

图 4-6（续）

表 4-3　支护参数列表

断面形状	矩形	布置方式	沿底板掘进
断面尺寸	净断面	5 500 mm(宽)×3 600 mm(高)	
顶板支护	锚杆	规格:型号 φ20-M22-2400,杆尾螺纹为 M22。 布置参数:排距 900 mm,间距 800 mm,靠帮锚杆外倾 30°。 锚杆构件:强力锚杆螺母 M24,高强度拱形托板,规格为 150 mm×150 mm×10 mm。 W 钢护板:规格为 350 mm×280 mm×4 mm,长度为 350 mm,宽度为 280 mm,厚度为 4 mm	
	锚索	规格:型号 SKP18-1/1860-9000,直径 17.8 mm,长度 9 000 mm,尾部采用配套的高强度锁具。 锚索布置:五花布置,排距 900 mm,间距 1 600 mm。锚索垂直布置,根据煤层厚度变化,保证锚索在顶板岩层的锚固长度不小于 200 mm。 构件:规格为 300 mm×300 mm×16 mm 高强度大托板,承载力与锚索索体一致	
	金属网	10# 铁丝编织的金属菱形网,网格大小为 35 mm×35 mm,每个网片规格为 8 000 mm×1 100 mm,网片之间搭接长度不小于 100 mm,用双股 16# 铁丝拧结捆扎,每隔 100 mm 捆扎 1 道,拧结不少于 3 圈	
	锚固方式	树脂加长锚固。 锚杆:2 支锚固剂,锚固剂规格为 MSK2335(快速),另一支规格为 MSZ2360(慢速),钻孔直径为 28 mm,锚固力不小于 100 kN,预紧力矩不小于 300 N·m; 锚索:3 支锚固剂,一支规格为 MSK2335,另外两支规格为 MSZ2360,钻孔直径为 28 mm,锚索张拉后预紧力不小于 150 kN,锚索外露长度不大于 300 mm	
实体煤帮支护	锚杆(索)	每排 5 根单体锚杆,排距 900 mm,间距 800m,底角锚杆向底板倾斜 30°。每 2 排中间于巷道帮中部布置 1 根锚索,长度为 4 300 mm。其他参数同顶板。实体煤帮锚杆锚索不加设木托盘	
	金属网	与顶板相同	
	锚固方式	与顶板相同	
小煤柱帮支护	锚杆(索)	锚杆参数与实体帮相同,锚索每排 3 根,间距为 900 mm,排距 900 mm,每排锚索布置在 2 排锚杆中间。锚杆锚索均加设木托板,木托板规格为 300 mm×300 mm×50 mm	
	钢筋网	1 100 mm×1 800 mm 钢筋为主筋,φ8 mm 的圆钢为副筋,网格尺寸为 100 mm×100 mm	

4.4 巷道围岩喷浆技术

随着掘进工作面的不断推进,巷道围岩的塑性区范围继续扩大,且小煤柱内部的塑性区范围扩大尤其显著,也就是说,随着巷道的掘进,留设的 7 m 煤柱内部的破坏程度进一步增大,进而导致煤柱的承载能力和锚杆(索)的可锚性大幅降低,这样不利于巷道的稳定,因此,为了有效提高 5800 巷道围岩的稳定性,决定在原有锚杆(索)支护的基础上注浆和喷浆,使围岩稳定性得到提高。

4.4.1 喷浆加固原理

喷浆加固可以对巷道围岩的表面进行保护,减少巷道围岩与空气和水的直接接触而引起围岩破坏,进而注浆和喷浆搭配使用时支护效果最显著。除此之外,喷浆加固还具有以下作用:

(1)可以提高围岩的整体性。喷浆之后,巷道表面的裂隙以及凹凸不平的部位被充满,围岩整体性得到提升,最终达到提高围岩自身承载能力的目的,进而有利于围岩稳定。

(2)可以有效加强锚杆(索)的支护作用。当巷道围岩破碎区范围较大时,锚杆无法锚固在坚硬稳定岩层中,此时的锚杆支护作用无法达到预期的支护强度,对巷道表面喷浆会使巷道表面平整度提高,进而使锚杆(索)受力均衡,更有利于锚杆的稳定支护作用。

4.4.2 喷浆参数设计

(1)设备选取

通过类比相同条件下的巷道喷浆技术参数,再结合矿井的实际情况,选取喷浆机的型号为 Ps7 I 。喷浆机零部件规格见表 4-4。

表 4-4 喷浆机零部件规格

序号	零部件(材料)名称	规格型号(材质)
1	煤矿井下用隔爆型三相异步电动机	YBK2-160M-6(380/660)
2	连接插销	$\phi40$ mm
3	三环链	$\phi32$ mm
4	2 层钢丝编织液压支架胶管	RB2-10、RB2-16、RB2-31.5
5	矿用隔爆型低压真空电磁启动器	QBZ-80/660(380)
6	结合板	橡胶
7	喷头	聚氨酯

（2）喷浆材料配合比

喷浆的水胶比为 0.49，外加剂为速凝剂，添加剂的质量为混凝土质量的 3%～5%。巷道每掘进 20 m 喷浆 1 次。

喷浆的具体材料配合比见表 4-5。

表 4-5　喷浆材料配合比

	水泥	水	砂子	石子
每立方米混凝土材料用量/kg	400	184	668	1 188
质量比	1	0.46	1.67	2.97

4.4.3　喷浆加固现场施工情况

（1）施工前的准备及技术要求

① 施工前提前接好管路和接通喷浆机电源。

② 施工前将喷浆范围内的电缆和设备等包裹起来，防止喷浆时污损及掩盖；

③ 喷浆前敲帮问顶，以此来凿掉活煤活矸，再对锚杆处理，冲洗巷道，保证浆体与喷面结合严密。

④ 喷浆顺序：先喷两帮再喷顶板，先喷凹进地方再喷凸出地方，还要从下往上喷，逐段进行，不可随意喷浆。

⑤ 喷浆要均匀，无裂缝、赤脚、穿裙现象。

⑥ 喷浆时喷头垂直于喷面，喷头距离受喷面不应大于 1.5 m。

⑦ 初喷属于永久支护，初喷混凝土前一定要将活矸全部按要求处理掉，清洗岩帮，初喷厚度为 30 mm。

⑧ 初喷后进行复喷，达到设计厚度 130 mm，喷浆的顶部和帮部回弹率不得超过 25% 和 15%。

⑨ 喷射时必须先开风，后开水，再送电，最后上料，停机时与之相反。

⑩ 喷浆地点应安设一处净化水幕进行风流净化。

⑪ 喷嘴堵塞：用通条捅开或拆开喷嘴排除堵塞物。

⑫ 防堵措施：控制料粒径，坚持二次过筛；控制砂子含水率；按正确操作顺序操作；喷嘴、输料管、喷射机要经常维修。

⑬ 开喷浆机前必须听从信号指挥，喷枪不准指向人，开风、开水应缓慢进行，以防风水管破裂，弹起伤人。

⑭ 操作与处理堵塞时，喷头严禁对人，以防意外伤人。

⑮ 喷浆的最终厚度为 130 mm 左右。

（2）施工安全技术措施

① 必须由班长或有经验的工人用长度大于 2 m 的长柄工具，人员站在确保安全并有支护地点将其撬下，确认无问题后方可进行其他作业。

② 全面检查巷道断面，如果因巷道变形影响巷道断面的，要先进行整修再喷浆，以保证喷浆后的巷道规格。

③ 喷浆前要对喷浆机工具和供风、水、电源进行全面检查，重点检查喷浆机内有无混凝土结块等杂物。

④ 喷浆开始时，上料要连续且均匀，做到料满而不外溢，同时将速凝剂按比例均匀掺入料斗，且所使用料必须预先湿润。喷浆工作人员要根据井巷的喷浆部位和岩石特征掌握好喷浆角度、喷浆距离、一次喷厚度、水灰比、回弹率及巷道规格要求。

4.5　设计方案支护效果预测

通过数值模拟设计方案支护条件下 5800 巷道的围岩应力、表面位移及塑性区分布情况，来对设计方案的支护效果进行预测。

4.5.1　巷道表面位移

从图 4-7 可以看出：在设计方案支护条件下，顶板最大位移为 40 mm，小煤柱侧最大位移为 49 mm，实体煤的最大位移为 43 mm。相比无支护条件，顶板位移由 68 mm 缩小至 40 mm，缩小了 41.18%；小煤柱侧位移由 75 mm 缩小至 49 mm，缩小了 34.67%；实体煤侧位移由 71 mm 缩小至 43 mm，缩小了 39.44%。可以看出：实施设计方案后巷道表面位移得到了有效控制。

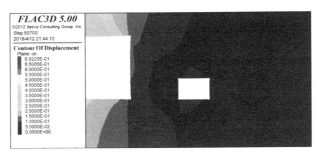

图 4-7　设计方案支护条件下巷道表面位移云图

4.5.2　围岩应力

（1）垂直应力

如图 4-8 所示,在设计方案支护条件下,小煤柱侧最大应力为 17.2 MPa,实体煤侧最大应力为 21.4 MPa。相比无支护条件,小煤柱侧应力从 26.2 MPa 降低至 17.2 MPa,降低了 34.35%;实体煤侧应力从 29.4 MPa 降低至 21.4 MPa,降低了 27.21%。并且从图中可以直观发现:设计方案支护条件下的小煤柱和实体煤侧的应力集中范围明显减小,且应力集中程度降低,小煤柱和实体煤侧的应力分布情况得到明显改善。

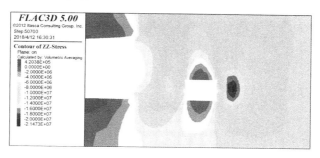

图 4-8　设计方案支护条件下垂直应力云图

（2）水平应力

由图 4-9 可知:在设计方案支护条件下,顶板最大应力为 3.8 MPa。相比无支护条件,巷道顶板应力从 5.8 MPa 降低至 3.8 MPa,降低了 34.48%。可以看出:在设计方案支护条件下,巷道顶板、底板的应力分布情况得到明显改善。

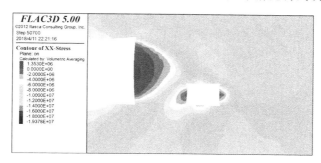

图 4-9　设计方案支护条件下水平应力云图

4.5.3　围岩塑性区

由设计方案围岩塑性区分布情况(图 4-10)可以看出:设计方案支护条件下,围岩塑性区范围明显减小,尤其是小煤柱内部的塑性区变化最明显。通过对比无支护条件下的巷道情况可知设计支护方案可以有效控制围岩塑性区的分布。

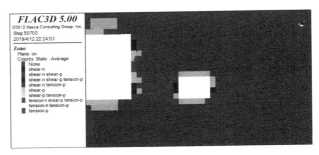

图 4-10　设计方案支护条件下塑性区云图

综合以上分析得出:设计方案支护条件下可以有效控制 5800 巷道围岩变形破坏程度,有利于巷道的稳定。

本部分基于沿空掘巷围岩控制原理,结合 5800 沿空巷道 7 m 宽煤柱帮和实体煤帮呈现出应力不对称分布实际情况,运用理论计算方法,得到了适用于 5800 巷道的具体锚杆(索)支护参数。分析后发现 7 m 宽小煤柱内部破碎程度大且随着掘进的进行塑性范围继续增大,而导致自身承载能力下降以及锚杆(索)可锚性下降,最终造成巷道失稳。通过理论计算,再结合现场实践经验,对巷道围岩注浆和喷浆参数进行了设计,并通过数值模拟方法对设计方案的支护效果进行了预测。

5 区段小煤柱注浆加固技术研究

5.1 注浆材料性能测定

5.1.1 注浆材料的选择

因为注浆目的与预计效果不同,注浆材料也不相同,理想的注浆材料应具备下列条件:

(1)浆液具有较好的稳定性,在通常条件下能保持很长时间,而基本性质不会变化,不存在较强烈的化学反应。

(2)浆液流动性好、黏度低、可注性强,能注入粉、细砂层及细微裂缝中。

(3)浆液无异味且无毒性,环保,不易燃、易爆。

(4)凝胶时间精确可控,并在一定范围内可调。

(5)浆液不会腐蚀注浆管路、设备、橡胶制品及混凝土构筑物,且易清洗。

(6)固化时不收缩,与岩体、混凝土等结合具有一定的黏结性。

(7)结石体强度可靠,不出现龟裂、老化现象,耐侵蚀,抗渗性好,基本不受环境变化的影响。

(8)浆液来源广泛,成本低,配制方便,操作简便。

注浆材料分类方法很多,按浆液所处状态分为悬浮液、真溶液、乳化液;按工艺性质可分为单液浆、双液浆;按装液颗粒可分为粒状浆液、化学浆液、稳定浆液、不稳定浆液;按浆液主剂性质可分为无机系列、有机系列。按照目前注浆技术研究与工程实践中较常用的分类方法,注浆材料主要品种分类如图 5-1 所示。

目前巷道围岩注浆广泛使用的注浆材料分为两类:

(1)水泥注浆材料。如纯水泥浆类、水泥黏土类、水泥水玻璃浆类等。

其优点:浆液结石体强度高,抗渗性能好;采用单液方式注入,工艺及设备简单,操作方便,成本低、无毒、无环境污染等。

其缺点:普通水泥颗粒粒径较大,一般只能注入直径或宽度大于 0.2 mm 的孔隙或裂隙中,使用范围受到一定限制;尤其当高水灰比时,浆液颗粒易沉淀分

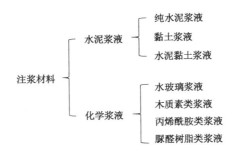

图 5-1　注浆材料主要品种分类

层,增大吸水率。

为了满足实际工程需要,一般都要加入外加剂来调节水泥浆的性能,如在配制水泥浆时需添加塑化剂、速凝剂、缓凝剂、分散剂、悬浮剂等,以改善水泥浆可注性、析水性、抗压强度等性能。

(2) 化学注浆材料。目前以国外化学注浆材料产品较为成熟先进,在国内应用广泛,如世界第一大化学公司、世界 500 强企业——德国巴斯夫股份公司马丽散、美固系列等。

其优点:化学注浆材料具有浆液黏度低、可注性好、凝胶时间短并可精确调整等,能注入细微孔隙、裂隙中。注浆设备简单,注浆压力大。

其缺点:价格昂贵,一般约 3 万元/t,以往在本段巷道煤柱采用马丽散注浆时,有的钻孔单孔注入量达 40 桶,约 2 t,注浆费用极高;马丽散不是天然阻燃材料,有一定反应热,反应温度一般为 140 ℃,如果在煤体内部一次注入量过大,热量积聚时会成为重大危险源。

对于巷道围岩注浆材料,通常要求浆液渗透性好、结石体强度高、材料来源广、成本低廉、工艺简单、施工灵活、无毒无污染。由于巷道围岩破裂岩体裂隙宽度较大,水泥浆液颗粒一般能够渗透到裂隙中,满足渗透性要求,而水泥浆液在材料成本、供应、注浆工艺、毒性等方面优于化学类浆液,在结石体强度方面又明显高于复合浆液,所以目前我国煤矿巷道围岩注浆材料仍以水泥浆液为主。

注浆材料通常采用纯水泥浆,具有流动性好、强度高、耐久性好、安全环保、经济性好等优点。但是在实际工程中,受突水量、注浆量及工程条件等因素的影响,对注浆材料的凝胶时间有不同要求,因而希望注浆材料的凝胶时间在一定范围内可控可调。纯水泥浆的凝胶时间较长且难以控制,难以满足封堵突水、涌泥的需求。水泥-水玻璃双液浆是将水泥浆和水玻璃按一定比例混合而成的液体浆材,一方面具有纯水泥浆的优点,另一方面加入水玻璃使浆液凝胶时间缩短、可调,便于施工。因此,注浆工程中当对凝胶时间有要求时,往往首选水泥-水玻璃双液浆。

水泥-水玻璃浆液也称为 CS 浆液(C 代表水泥,S 代表水玻璃),是以水泥和水玻璃为主剂,两者按一定的比例采用双液方式注入,必要时加入速凝剂和缓凝剂所形成的注浆材料。水泥-水玻璃浆液是一种用途极其广泛,使用效果良好的注浆材料。其特点有:

(1)浆液凝胶时间可准确控制在几秒至几十分钟范围内。

(2)结石体抗压强度可达 $10 \sim 20$ MPa。

(3)结石率为 100%。

(4)结石体渗透系数为 10^{-3} cm/s。

(5)适宜用于 0.2 mm 以上裂隙和 1 mm 以上粒径的砂层。

(6)材料来源广,价格便宜。

(7)对地下水和环境无污染。

综上所述,由于水泥和水玻璃具有材料来源丰富、价格低廉、污染小、双液浆的结石率高、结石体抗压强度大等一系列优点,所以对于Ⅲ4309 小煤柱,注浆加固材料选用水泥-水玻璃双液浆。

水泥-水玻璃浆液不但具有水泥浆的全部优点,而且还有化学浆液的一些优良性能。

其主要优点:材料来源广、价格低、结石率高(100%)、强度高、凝固时间短(可以准确控制在几秒到几十分钟之内)、可灌性较单纯水泥浆明显提高。水泥-水玻璃双液注浆是水泥注浆的一大发展,近年来广泛应用于煤矿堵水和围岩加固等领域,并取得了良好的效果。

经煤炭科学技术研究院有限公司北京研究所建井室注浆组在《水泥-水玻璃注浆在煤矿中的应用》研究中得出,注浆浆液材料的性能参数中最有实际意义的是凝胶时间和抗压强度。

水泥-水玻璃浆液主要是由水泥和水玻璃两种材料组成的,只有在必要时才掺入一些速凝剂和缓凝剂。所以本试验以水泥、水玻璃两种主要原料为试验材料,并根据所选注浆材料进行材料性能测试,主要包括浆液凝胶时间、浆液固结体力学性能和浆液加固破碎煤体力学性能测试。首先通过不同配合比浆液的凝胶时间结合工程实践经验选出合理凝胶时间范围内的浆液配合比,再通过对比所选浆液配合比时各浆液固结体单体抗压强度和加固破碎煤体的单轴抗压强度确定最优浆液配合比方案。具体试验过程如下。

5.1.2 双液浆凝胶时间测定

水泥-水玻璃双液浆的凝胶时间采用倒杯法[43]测定。

（1）试验材料及器材

普通硅酸盐水泥（P·O）42.5、钠水玻璃（47°Be）、生活用水、高精度电子秤、烧杯、量筒、搅拌棒、一次性塑料杯、计时器。

（2）试验方法

① 配制水泥-水玻璃浆液。

试验第一步是用高精度电子秤和烧杯分别按水灰比为 0.6、0.8、1.0、1.2 配制要求秤取准量的（P·O）42.5 水泥和生活用水，并混合搅拌均匀配置水泥浆液。当每组水灰比水泥浆配制完成时，利用量筒秤取准量水玻璃倒入水泥浆中，配制 1∶10、1∶15、1∶20、1∶30、1∶40 的水泥-水玻璃浆液，搅拌时间为 2 min。

② 倒杯法测定双浆凝胶时间。

本试验选取倒杯法测定凝胶时间，如图 5-2 所示，其方法是：a. 将一定量的水泥-水玻璃浆液置于一次性塑料杯 A 中；b. 再取一只塑料杯 B；c. 将塑料杯 A 中的混合浆液倒入塑料杯 B，即刻将混合液再倒回塑料杯 A 中；d. 如此重复交替混合液，直至烧杯倾斜 45°浆液无法流动为止，所用时间即凝胶时间。

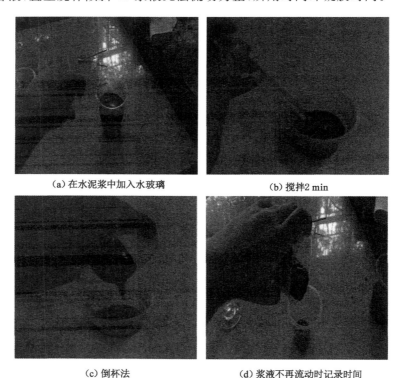

| （a）在水泥浆中加入水玻璃 | （b）搅拌2 min |
| （c）倒杯法 | （d）浆液不再流动时记录时间 |

图 5-2　倒杯法测定凝胶时间

（3）试验结果分析

试验分 4 组进行,每一组采用相同水灰比的单液水泥浆与不同浓度的水玻璃按比例分别配制。分析不同配合比的水灰比和水玻璃浓度对双液浆凝胶时间的影响规律见表 5-1。

表 5-1　水泥-水玻璃双液浆配合比、凝胶时间

序号	水泥种类	水玻璃密度	配合比		凝胶时间/min
			$m_水 : m_{水泥}$	$m_{水玻璃} : m_{水泥}$	
1				1 : 10	＜1
2				1 : 15	＜1
3			0.6	1 : 20	3
4				1 : 30	26
5				1 : 40	42
6				1 : 10	＜1
7				1 : 15	5
8			0.8	1 : 20	20
9				1 : 30	97
10	P.O42.5	47°Be		1 : 40	135
11				1 : 10	3
12				1 : 15	9
13			1.0	1 : 20	55
14				1 : 30	106
15				1 : 40	153
16				1 : 10	7
17				1 : 15	38
18			1.2	1 : 20	73
19				1 : 30	144
20				1 : 40	195

根据试验测试数据分析可知:水泥-水玻璃双液浆不同水灰比时的水玻璃浓度与凝胶时间的关系曲线大致呈直线形,凝胶时间随着水灰比的增大而增加,随着 $m_{水玻璃} : m_{水泥}$ 的增大而减少,如图 5-3 所示。根据工程经验得知:浆液注浆时,适合的凝胶时间约为 0.5 h。凝胶时间太短,浆液容易在没有完全充满裂隙时不再流动,造成充填效果不好,从而无法满足注浆要求;凝胶时间太长,会导致

浆液流失,注浆时由于裂隙相互贯通和地理构造,浆液会随着裂隙流失。当浆液凝胶时间过长时,浆液随裂隙流走无法满足所注载体的充填要求,不但无法满足加固支护要求,而且会带来一定的经济损失。所以结合长平煤矿Ⅲ4309区段小煤柱的地质条件和长平煤矿以往注浆经验,决定采用凝胶时间为 25～45 min 的浆液配合比,即编号分别为 4 号、5 号和 17 号的浆液。

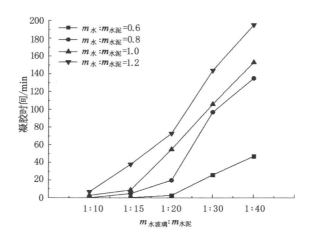

图 5-3　不同 $m_水$ ： $m_{水泥}$ 和 $m_{水玻璃}$ ： $m_{水泥}$ 对凝胶时间的影响

5.1.3　固结体力学性能测试

（1）试验材料和设备

水泥-水玻璃双液浆、50 mm×100 mm 三孔金属模具 5 副（图 5-4）、润滑油、搅拌棒、塑料薄膜、平整钢板、RMT-150 岩石试验系统。

（a）　　　　　　　　　　　　　　（b）

图 5-4　金属模具

（2）试验步骤

① 将金属模具清理干净,仔细清理模具的缝隙和端面,防止铸件过程中浆液泄露。

② 清理干净模具后在模具内壁涂抹润滑油,以防止浆液注浆时黏结在模具上,涂抹结束后将模具各部位对整齐上紧螺丝,竖立放在平整的桌面上并在模具底部垫塑料薄膜防止漏液。

③ 按浆液配合比要求分别配制 4 号、5 号和 17 号浆液。

④ 将配好的浆液分组后缓慢倒入金属模具,注入过程中需用金属棒搅拌,防止产生气泡,注入结束后将模具上端同样用塑料薄膜封住并在上面盖上钢板和重物,等待铸件成型。每种配合比浆液制作 15 个试块。

⑤ 经过 24 h 后拆模,在每个试件上标明制作日期、水灰比、水玻璃浓度等信息,按照《水泥胶砂强度检验方法（ISO 法）》（GB/T 17671—2021）要求进行养护。

⑥ 分别测试 1 d、4 d、7 d、14 d、28 d 龄期单轴抗压强度,每种浆液配合比、龄期测试 3 块试件,取平均值作为试验结果并记录,试验过程如图 5-5 所示。

（a）　　　　　　　　　　　（b）

图 5-5　双液浆固结体单轴抗压试验

（3）试验结果分析

试验结果见表 5-2。

表 5-2　双液浆固结体抗压强度

编号	$m_水$: $m_{水泥}$	$m_{水玻璃}$: $m_{水泥}$	龄期/d	抗压强度/MPa			平均值
				Ⅰ组	Ⅱ组	Ⅲ组	
4-1	0.6	1：30	1	4.821	5.214	4.956	4.997
4-2	0.6	1：30	3	7.424	9.24	8.144	8.269
4-3	0.6	1：30	7	11.81	15.48	10.21	12.501
4-4	0.6	1：30	14	19.55	15.51	18.82	17.96
4-5	0.6	1：30	28	14.51	18.82	21.7	18.345
5-1	0.6	1：40	1	3.88	4.26	4.088	4.076
5-2	0.6	1：40	3	5.288	8.76	6.308	6.785
5-3	0.6	1：40	7	15.93	13.94	12.06	13.975
5-4	0.6	1：40	14	16.26	14.62	15.09	15.323
5-5	0.6	1：40	28	14.92	16.40	17.07	16.129
17-1	1.2	1：15	1	0.9	0.968	1.044	0.971
17-2	1.2	1：15	3	1.872	1.708	1.984	1.855
17-3	1.2	1：15	7	3.228	2.608	2.572	2.803
17-4	1.2	1：15	14	2.688	2.208	3.124	2.673
17-5	1.2	1：15	28	6.96	7.86	8.68	7.833

由实测数据和抗压强度与时间的关系曲线分析可知:固结体抗压强度随着水灰比的增大而减小,随着水玻璃浓度的增大而增大,随着凝固时间的增加而增大且趋于稳定,即固结体抗压强度与水灰比成反比,与水玻璃浓度成正比。

如图 5-6 所示,4 号、5 号浆液固结体早期抗压强度增长率大,3 d 龄期的抗压强度已达到最大抗压强度的 40% 以上,其中 4 号浆液达到最大抗压强度的44.4%,5 号浆液达到最大抗压强度的 41.8%;7 d 龄期的抗压强度达到最大抗压强度的 68% 以上,4 号浆液达到最大抗压强度的 68.3%,5 号浆液达到最大抗压强度的 86.3%;14 d 龄期的抗压强度达到最终抗压强度 95% 以上,已经趋于平稳。4 号、5 号浆液固结体最终抗压强度达到 16 MPa 以上。

5.1.4　双液浆加固破碎煤体强度试验

为了研究双液浆注入区段小煤柱中的加固效果,进行浆液加固破碎煤体的抗压强度试验,该试验考虑 3 个主要因素共 9 组方案,3 个主要因素为:

① 水泥-水玻璃双液浆的不同配合比:4 号、5 号和 17 号浆液。

② 碎煤粒径,见表 5-3。

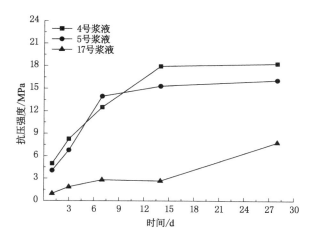

图 5-6　抗压强度与时间的关系曲线

表 5-3　煤体粒径所占比例

	粒径范围		
	<5 mm	5~20 mm	>20 mm
碎煤 a	30%	40%	30%
碎煤 b	55%	30%	15%
碎煤 c	15%	30%	55%

③ 注浆量:分为三种情况,A 工况注浆量 30 mL,B 工况注浆量 50 mL,C 工况注浆量 70 mL。注浆模块试件大小为 50 mm×100 mm。当破碎煤块的粒径所占比例、浆液配合比及注浆量均发生变化时,研究破碎煤块注浆固结后的力学性能。

(1) 试验材料与设备:水泥-水玻璃双液浆、50 mm×100 mm 三孔金属模具 5 副(图 5-4)、润滑油、搅拌棒、塑料薄膜、平整钢板、RMT-150 岩石试验系统。

(2) 试验步骤:

① 将测试煤体岩石力学性质后的破碎煤体进一步破碎,将破碎煤块按粒径大小分级,分为粒径小于 5 mm、5~20 mm、大于 20 mm 3 种,并按表 5-3 混合配制,如图 5-7 所示,以供试验使用。

② 将金属模具清理干净,仔细清理模具的缝隙和端面,防治铸件过程中浆液泄露。

③ 清理干净模具后在模具内壁涂抹润滑油,以防止浆液注浆时黏结在模具

(a)   (b)

图 5-7　煤体破碎前后

上,涂抹结束后将模具各部位对整齐上紧螺丝,竖立放在平整的桌面上并在模具底部垫塑料薄膜防止漏液。

④ 分别配制 4 号、5 号、17 号双液浆。

⑤ 将分好粒径的碎煤和配好的双液浆按不同的注浆量混合注入金属模具中,用搅拌棒搅拌均匀,铸成试件,如图 5-8 所示。

(a)   (b)

图 5-8　浆液加固破碎煤试件

⑥ 注入结束后将模具上端同样用塑料薄膜封住并在上面盖上钢板和重物,等待铸件成型。每种配合比浆液制作 15 个试块。

⑦ 经过 24 h 后拆模,在每个试件上标明制作日期、水灰比、水玻璃浓度等信息,按照《水泥胶砂强度检验方法(ISO 法)》(GB/T 17671—2021)的要求进行养护。

⑧ 使用 RMT-150 岩石试验系统测试不同龄期的加固破碎煤体试件抗压强度,如图 5-9 所示,每组测试试件为 3 块,取平均值为试验结果并记录。

⑨ 试验结果的整理记录,其中 7 d 龄期试验数据见表 5-4。

(a) (b)

图 5-9　加固破碎煤体单轴抗压强度试验

表 5-4　试验结果

编号	$m_水$ ： $m_{水泥}$ /$m_{水玻璃}$ ： $m_{水泥}$	不同碎煤块粒径所占比例/%			注浆量 /mL	抗压强度 /MPa
		<3 mm	3～20 mm	大于 20 mm		
1aA	0.6/1：30	30	40	30	30	0.682
1aB	0.6/1：30	30	40	30	50	1.103
1aC	0.6/1：30	30	40	30	70	2.108
2aA	0.6/1：40	30	40	30	30	1.560
2aB	0.6/1：40	30	40	30	50	2.156
2aC	0.6/1：40	30	40	30	70	2.508
3aA	1.2/1：15	30	40	30	30	0.384
3aB	1.2/1：15	30	40	30	50	0.834
3aC	1.2/1：15	30	40	30	70	1.448
1bA	0.6/1：30	55	30	15	30	0.452
1bB	0.6/1：30	55	30	15	50	0.807
1bC	0.6/1：30	55	30	15	70	1.444
2bA	0.6/1：40	55	30	15	30	0.776
2bB	0.6/1：40	55	30	15	50	1.822
2bC	0.6/1：40	55	30	15	70	2.184
3bA	1.2/1：15	55	30	15	30	0.232
3bB	1.2/1：15	55	30	15	50	0.616

表 5-4(续)

编号	$m_水$：$m_{水泥}$ $/m_{水玻璃}$：$m_{水泥}$	不同碎煤块粒径所占比例/%			注浆量 /mL	抗压强度 /MPa
		<3 mm	3～20 mm	大于 20 mm		
3bC	1.2/1：15	55	30	15	70	1.252
1cA	0.6/1：30	15	30	55	30	1.224
1cB	0.6/1：30	15	30	55	50	2.908
1cC	0.6/1：30	15	30	55	70	3.296
2cA	0.6/1：40	15	30	55	30	2.288
2cB	0.6/1：40	15	30	55	50	3.488
2cC	0.6/1：40	15	30	55	70	5.176
3cA	1.2/1：15	15	30	55	30	0.388
3cB	1.2/1：15	15	30	55	50	0.864
3cC	1.2/1：15	15	30	55	70	1.484

（3）试验结论分析

① 通过试验研究得出：加固破碎煤体抗压强度并不随注浆浆液固结体的抗压强度增大而增大，还与浆液的流动性、渗透性、黏性等有关，但是加固破碎煤体抗压强度随注浆量的增加而增大，如图 5-10 所示，碎煤块粒径不同时，加固破碎煤体的抗压强度随着注浆量的增加呈线性递增，所以现场注浆时需达到最大注浆量，即饱和注浆，才能使注浆加固强度最大。同时加固破碎煤体强度随着碎煤块粒径的增大而增大，如图 5-11 所示，不同注浆量时抗压强度随着碎煤块粒径的增大线性递增，现场的煤块粒径大于实验室煤体，且整体性也好于实验室碎煤，所以注浆加固后强度更大。图 5-10 中，小、中、大分别对应小粒径（<5 mm）试验、中粒径（5～20 mm）试验和大粒径（20 mm）试验。

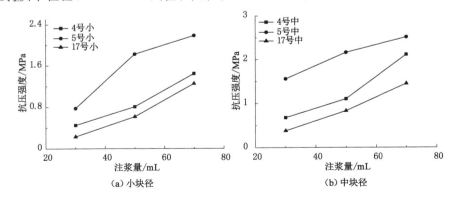

图 5-10　强度与注浆量关系曲线

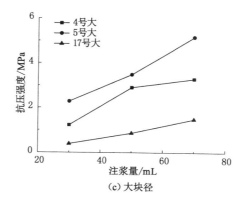

（c）大块径

图 5-10（续）

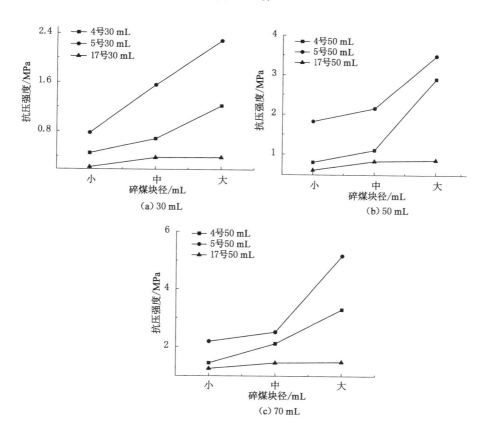

（a）30 mL

（b）50 mL

（c）70 mL

图 5-11　抗压强度与碎煤块径的关系曲线

② 通过物理力学性质试验测得Ⅲ4309工作面煤的抗压强度为2.08 MPa,经水泥-水玻璃双液浆注浆加固7 d后的煤体单轴抗压强度得到了不同程度的提高,从2.08 MPa提高至5.18 MPa,约为最终抗压强度的68%,14 d后达到最大抗压强度7.61 MPa。根据比尼亚夫斯基煤柱强度理论公式:

$$S_P = \sigma_m(0.64 + 0.36W/h) \qquad (5-1)$$

式中　S_P——煤柱抗压强度;

　　　σ_m——试件单轴抗压强度,一般取5~8 MPa;

　　　W/h——煤柱体的宽高比,为6/3.3。

代入加固破碎煤体的最大抗压强度7.61 MPa可得出区段小煤柱的抗压强度为10 MPa。通过关键块理论计算得出长平煤矿Ⅲ4309区段小煤柱在工作面回采过程中保持煤柱稳定的抗压强度为8.96 MPa。

③ 注浆加固技术是二次加固技术,是在原有支护基础上进行注浆加固,其组合强度比单一注浆加固强度大得多。根据凝胶时间、固结体强度、加固破碎煤体抗压强度三项试验数据的综合分析,结合长平煤矿现场实践,确定5号浆液为区段小煤柱注浆加固浆液,可以满足Ⅲ4309回采工作面区段小煤柱的注浆加固要求,并且水泥-水玻璃浆液注浆是一种经济、有效的加固围岩的方法,初步满足安全生产条件。

5.2　区段小煤柱注浆加固方案设计

在煤柱变形破坏的控制过程中,决定煤柱稳定性的基本要素为煤柱抗压强度、围岩应力与支护条件。因此提高煤柱稳定性的关键是提高煤柱抗压强度、降低围岩应力、选择合理的支护方式。

对于受多次采动影响的Ⅲ4309工作面区段小煤柱而言,其破碎区与塑性区相对煤柱尺寸(6 m)来说范围较大,再生裂隙较发育,围岩的碎胀变形大。其采用锚网索支护体系可以达到控制巷道变形的目的,但必须采取措施提高煤柱抗压强度。围岩抗压强度是影响巷道变形破坏的首要因素,其对巷道的稳定性影响极大,因此合理提高煤柱抗压强度且最大限度地利用煤柱的自稳能力是控制煤柱和巷道变形的根本途径。

现代支护理论研究表明控制煤柱变形破坏的有效措施有两种:一种是改善煤柱本身结构和性能,另一种是在煤柱巷道表面提供合理的支护措施。实践证明:受采动影响条件下的煤柱的一般变形量较大,在变形过程中有大量的变形能被释放,仅增大支护阻力难以奏效。结合新奥法支护理论总结得出:改善煤柱自身结构,提高煤柱承受上覆岩层压力的能力,充分利用煤柱自承能力,同时再给予适当的支护,可达到预期的支护效果。到目前为止,注浆加固与锚喷技术是改善巷道煤柱的自身结构和充分发挥煤柱自承能力的两种主要措施。注浆加固使煤柱体中弱面被浆液充实,达到弱面充填体胶结,从而使其力学性能提高,整体稳定性得到加强,改善其物理性能,使煤柱自承能力增强,迄今为止,注浆加固是一种公认的提高煤柱抗压强度的最佳途径。

结合长平煤矿Ⅲ4309工作面现场实际情况和煤柱尺寸因素,将煤柱支护控制理论与动压巷道支护原则有效结合起来,基于现有锚网索支护,注浆加固,全面利用锚杆与注浆双重作用机理,锚杆支护和注浆加固相结合,一方面改善煤柱结构和应力分布,另一方面提高煤柱的自身承载能力和整体性,减小区段小煤柱变形,改善煤柱维护状况,是长平煤矿Ⅲ4309区段小煤柱加固的首选措施。

5.2.1　注浆加固煤柱机理

区段小煤柱注浆加固机理主要包括提高区段小煤柱的变形刚度和抗剪强度、网络骨架作用、充填压密、减小松动圈范围、防止风化和堵水、改善锚杆受力状态等方面。

(1) 注浆加固提高区段小煤柱的变形刚度和抗剪强度

裂隙面的变形特性可由法向刚度和切向刚度描述。

$$\begin{cases} K_n = \dfrac{\partial \sigma}{\partial \mu} \\ K_s = \dfrac{\partial \tau}{\partial \mu} \end{cases} \tag{5-2}$$

式中　σ, τ——裂隙面的正交应力和剪应力;

μ——裂隙面的切向位移。

根据剪切试验可以拟合剪应力 τ 和切向位移 μ 的关系式:

$$\tau = \frac{\mu}{(a + b\mu)} \tag{5-3}$$

$$\begin{cases} a = \dfrac{1}{K_{so}} \\ b = \dfrac{1}{\tau_m} \end{cases} \tag{5-4}$$

式中　K_{so}, τ_m——裂隙面的初始切向刚度和最大剪应力。

根据莫尔-库仑理论,τ_m 与 σ 的关系式为:

$$\tau_m = c + f\sigma \tag{5-5}$$

式中　c, f——裂隙面内聚力和内摩擦系数。

由式(5-2)至式(5-5)可以推导得出:

$$K_{s} = K_{so} \left[1 - \tau(c + f\sigma)\right]^3 \qquad (5\text{-}6)$$

初始刚度 K_{so} 可由经验公式表示为：

$$K_{so} = F(s + \sigma)^n \qquad (5\text{-}7)$$

式中　F, s, n——常数。

根据经验，裂隙面法向刚度 K_n 表示为：

$$K_{n} = \frac{\left(K_{no} + \dfrac{\sigma}{V_{m}}\right)^2}{K_{no}} \qquad (5\text{-}8)$$

式中　K_{no}——裂隙面的初始法向刚度；

　　　V_{m}——常数。

根据工程实例——二滩拱坝注浆试验的资料整理出注浆前后初始切向刚度 K_{no} 和切向刚度 K_s，见式(5-9)和式(5-10)。

注浆前：

$$K_{sog} = 450\tau^{0.64}$$

注浆后：

$$K_{soh} = 1\ 700\sigma^{0.78} \qquad (5\text{-}9)$$

注浆前：

$$K_{sg} = 450\sigma^{0.64} \left(1 - \frac{\tau}{1.2 + 0.6\sigma}\right)^2$$

注浆后：

$$K_{sh} = 1\ 700\sigma^{0.78} \left(1 - \frac{\tau}{1.8 + 0.7\sigma}\right)^2 \qquad (5\text{-}10)$$

注浆后裂隙面初始切向刚度提高 $3.778\sigma^{0.14} - 1$ 倍。

注浆前、后裂隙面的抗剪强度参数为：

注浆前：$f = 0.6, c = 1.2$ MPa；注浆后：$f = 0.7, c = 1.8$ MPa。

裂隙面抗剪强度可表示为：

注浆前：

$$\tau_{mg} = 1.2 + 0.6\sigma$$

注浆后：

$$\tau_{mh} = 1.8 + 0.7\sigma \qquad (5\text{-}11)$$

注浆后裂隙面抗剪强度提高 $0.6 + 0.1\sigma$ 倍。

由上述工程实例分析可见：注浆后裂隙面的刚度和抗剪强度都得到大幅提高，而且裂隙面法向正应力越大，其刚度和抗剪强度提高幅度越大，尤其以刚度的改善更显著。

注浆后裂隙面刚度和强度得到提高，从而提高了小煤柱的自身承载能力。

（2）注浆固结体的网络骨架作用

浆液经挤压或渗透到小煤柱内部纵横交错的裂隙中固结后，会在煤柱中形成网络骨架结构。在煤柱浅部，浆液固结体呈薄厚不一的片状或条状，几乎可相互连通形成网络骨架，形成网络骨架的注浆材料抗压强度不一定比煤体抗压强度大，但注浆材料固结体具有良好的韧性和黏结性，当外载增大时，固化材料发生变形但不破坏，荷载主要由强度较高的煤岩体承担，这样煤柱的破坏条件由原来的裂隙弱面强度条件向接近煤体强度条件转化。当煤体应力超过煤体抗压强度发生较大变形时，固结材料的网络以其良好的韧性和黏结强度起骨架作用，提高小煤柱的残余强度，限制小煤柱破坏的扩展，从而改善小煤柱维护状况。

（3）充填压密及转变破坏机制的作用

浆液在泵压作用下，除了将一些较大的裂隙充填满，还可以将一些充填不到的封闭裂隙和小裂隙压缩，甚至使其闭合，提高小煤柱的弹性模量和抗压强度。根据试验得知：降低煤体的孔隙率，可大幅度提高煤体的抗压强度，煤体抗压强度增大有利于小煤柱的稳定。

断裂力学的观点认为：连续介质内有裂隙时，在承载过程中会形成强烈的应力集中，在裂隙端部应力集中最显著。应力集中的程度（系数）K 取决于裂隙端部半径、裂隙长度及岩体尺寸等。介质产生破坏就是在一定的应力条件下裂隙扩展的结果。

经过注浆加固后，裂隙内充满固结材料，加上固结材料对裂隙面的黏结作用，使裂隙端部的应力集中大幅削弱或消失。从而使小煤柱的破坏机制转变。例如，由原来裂隙扩展破坏转变为最大剪应力作用面上的剪切破坏或者是在垂直最小主应力方向上发生拉伸破坏等。

另外，当小煤柱中存在较大的裂隙时，裂隙附近的岩体处于二向应力状态，裂隙内充满固化材料或压密后变为三向应力状态，而岩体处于三向应力状态时的抗压强度比二向时显著增大，并且脆性减弱，塑性增强。从受力状态来看，注浆加固也起到了转变煤体破坏机制和提高煤柱抗压强度的作用。

（4）注浆加固减小松动圈范围

根据松动圈支护观点，松动圈范围大小反映了支护困难程度。松动圈范围越大，围岩收敛变形量越大，支护荷载越大，巷道维护越困难，反之越容易。松动圈是伴随围岩应力调整及其重分布而产生的，有一个过程。围岩松动圈尺寸 L 的大小是地应力 P 和围岩强度 R 的函数，$L = f(P,R)$，即松动圈是地应力与围岩抗压强度相互作用的结果，地应力不变，围岩抗压强度增大，松动圈范围减小。因此注浆加固可减小松动圈范围，从而减小煤柱变形，有利于煤柱稳定。

（5）注浆加固防止风化和堵水

破碎围岩内部遇到水和空气可以使其物理力学性能变弱,强度降低,导致岩体严重变形破坏。注浆加固之后,可以有效充填闭合围岩内部裂隙,阻断空气的流通对围岩的风化。同时封堵流水的通道,防止水对围岩的软化,有效保证岩体物理力学性能,这对煤柱的稳定具有重要作用。

(6)改善锚杆受力状态

锚杆与注浆加固小煤柱作用机理主要体现在注浆改善了锚杆的受力状态,从而使锚杆工作特性适应煤柱变形规律,锚杆能及时向煤体提供支护阻力。同传统的框架结构和普通的锚杆或锚网支护相比,锚杆与注浆加固是由于浆液在煤、岩体中的渗透、压入等作用,使整个被加固的煤体更能有效地同锚杆有机结合为整体,煤柱的自身承载能力得以充分发挥。特别是在煤柱松散、软弱松动范围较大的情况下,锚杆在破碎煤体中较难形成坚实的着力基础,锚固无法充分发挥其作用,而锚杆与注浆加固可大幅提高围岩抗动载能力、提高破碎煤柱的支护效果和稳定性。

注浆通过浆液渗透、压入等作用使得端锚式锚杆转变为全长锚固或加长锚固,通过锚杆孔内注浆材料固结体反作用于煤柱,阻止其变形,从而在锚固剂、注浆材料与煤体接触面上产生限制煤柱变形的剪应力,使得锚杆与煤柱形成整体,充分发挥锚杆支护作用。

锚杆加固圈和注浆加固圈都能及时承载,合理控制时间可同时达到承载极限,两者重叠部分相互加强,承载能力大于各自承载能力之和。因此,锚杆与注浆加固由于具有锚固和加固双重作用,其控制煤柱变形的效果比单独使用锚杆支护或者注浆加固的效果要好得多,这可以大幅提高支护效果和煤柱稳定性。

安设在围岩中的锚杆,因其刚度和强度与围岩有较大差别,从而产生限制围岩变形的力,定义为锚固力。端部锚固锚杆由于其锚头与锚尾之间围岩位移差而受到拉抻,从而产生约束围岩变形的锚固力,并通过锚头和锚尾反作用于围岩。而全长锚固锚杆通过黏结剂与围岩形成一个整体,在围岩与锚杆共同变形的过程中,由于锚杆与围岩的刚度(弹性模量)不同,围岩的变形将通过锚固剂作用于锚杆,使其受到拉伸(还有剪切)。另外,锚杆通过锚固剂反作用于围岩,阻止其变形,从而在锚固剂与围岩接触面上产生限制围岩变形的剪应力。而注浆可以使普通端锚式锚杆改变为全长锚固或加长锚固,充分发挥锚杆作用,随着巷道围岩变形破坏的发展,注浆加固的端锚锚杆与未注浆的端锚锚杆的锚固力呈现不同的特征。

注浆后的端锚锚杆和未注浆的端锚锚杆与围岩的相互作用不同,在实践中表现出较大的差异。相同条件下,两种锚固方式锚杆的实际工作性能比较如图 5-12 所示。由图 5-12 可知:

① 未注浆的端锚锚杆与注浆后的端锚锚杆的锚固力都经历了上升、达到峰

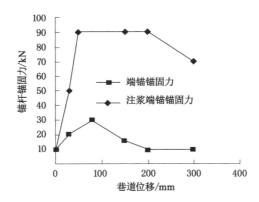

图 5-12　两种锚固方式时锚杆锚固力与巷道位移的关系曲线

值、下降的过程,但未注浆的端锚锚杆快速下降并保持较低的锚固力,而注浆后的端锚锚杆能保持最大锚固力和较慢的衰减过程。

② 未注浆的端锚锚杆比注浆后的端锚锚杆的增阻速度小得多,因为注浆后的端锚锚杆与围岩黏结成整体,等效弹性模量增大,所以其增阻速度比未注浆的端锚锚杆大得多。

③ 未注浆的端锚锚杆能达到的最大锚固力取决于锚固长度,而注浆后的端锚锚杆的最大锚固力与围岩强度、注浆材料、锚固长度等因素有关。在相同的围岩和应力条件下,注浆后的端锚锚杆的最大锚固力比未注浆的端锚锚杆的最大锚固力大 1.5~3.0 倍。

④ 注浆后的端锚锚杆由于与围岩黏结成整体,能有效防止黏结破坏,故具有比未注浆的端锚锚杆大得多的残余锚固力。

5.2.2　注浆方法的选择

注浆方法按作用方式分为静压注浆、高压喷射注浆和爆破注浆。

(1) 静压注浆

静压注浆主要用于矿山和水利工程,如煤炭、水电、冶金、建筑、铁道和交通等行业。静压注浆按注浆理论可分为以下 5 种:

① 充填注浆。主要用于充填大裂隙、洞穴或冒落空间。

② 渗透注浆。所用压力相对较小,基本不改变岩体的结构和体积。渗透注浆一般只用于中砂以上的砂性土和有裂隙的岩石。

③ 劈裂注浆。注浆压力较大,克服了地层初始应力和抗拉强度,引起岩体破坏和扰动,产生平面劈裂,增大浆液的扩散半径和提高其可注性。

④ 压密注浆。

⑤ 电动化学注浆。

（2）高压喷射注浆

高压喷射注浆是从岩体底部向上进行，在非常高的压力下水和空气从隔开的精密喷嘴射出，土层颗粒与注浆材料在高压射流作用下混合，形成复合体。该方法主要适用于加固软土地基。

（3）爆破注浆

爆破注浆是在注浆孔中用炸药爆破，增加岩层网状裂隙并连通原有裂隙，以增大浆液扩散半径，提高堵水效果，主要适用于岩层裂隙不发育、抗压强度较大的脆性岩石。

矿井巷道围岩的注浆不同于一般岩土工程的注浆，巷道周边较大范围内岩体已进入破裂状态。工程实践表明：巷道浅部围岩，即处于低围压下的破裂岩体，是注浆的有效作用范围，且根据注浆材料的选择，长平煤矿Ⅲ4309 区段小煤柱注浆作用方式主要以静压渗透注浆为主。

5.2.3　注浆加固具体参数

（1）注浆孔参数设计

注浆孔的孔距是注浆工程关键参数之一，若确定了浆液的扩散半径，则注浆孔之间的距离就确定了。在我国煤矿巷道围岩注浆中，扩散半径通常为 1～3 m，而一些专家在地面斜孔注浆耗灰试验中，测得其影响范围可达 6 m，因此不同的地质情况和注浆压力时，其扩散半径也不相同。

理论上由隆巴迪公式简单计算浆液扩散半径：

$$p = \frac{2CR}{2t_{\min}} \quad 或 \quad R = \frac{pt}{C} \tag{5-12}$$

式中　R——浆液扩散半径，m；

　　　p——注浆压力，MPa；

　　　$t_{\min}$——裂隙宽度一半；

　　　C——单位面积上的黏聚力，N/m²，稳定浆液 C 值通常取 0.5～3 N/m²。

将 $p=7$ MPa，$t=0.4$ mm，$C=2.4$ N/m² 代入式（5-12），得到注浆扩散半径 $R=117$ m，与实际工程不符。

根据工程中经验公式可得两帮注浆扩散半径：

$$R = (0.87 + 1.27\gamma h/\sigma_{\mathrm{c}}) \cdot h \tag{5-13}$$

式中　γ——上覆岩层重度，kN/m³；

σ_c——顶板及两帮岩石单轴抗压强度(巷道 50 m 范围内围岩平均值),MPa;

h——巷道高度一半,m。

代入数据可得:

$$R = (0.87 + 1.27 \times 12.5/23.02) \times 1.6 = 2.495 \ (m)$$

为了能使浆液完全扩散到破碎孔隙中,R 取 2.5 m。

注浆孔布置的主要原则是保证浆液尽可能多并均匀渗透到破碎围岩中,根据扩散半径和注浆工程实践经验,设计将注浆孔布置为上、下两排钻孔,钻孔呈"三花"布置,如图 5-13 和图 5-14 所示,下排钻孔开孔高度距离巷道底板 1.2 m,上排钻孔距离巷道底板 2.2 m,采用直径为 42 mm 的巷帮钻机进行施工。为增加下排钻孔注浆过程中承压段长度,钻孔施工过程中迎向开切眼有 20°水平角,仰角为 0°,钻孔长度为 4.5 m,相邻钻孔间距为 6 m,如图 5-15 所示。上排钻孔施工水平角为 0°,仰角为 30°,钻孔长度为 4.5 m,相邻钻孔间距为 6 m,如图 5-16 所示,钻孔施工参数见表 5-5。

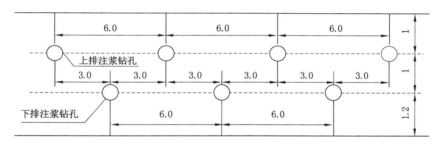

图 5-13　钻孔开孔位置平面布置图(单位:m)

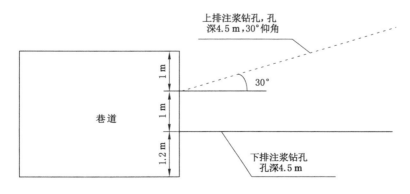

图 5-14　钻孔布置剖面图

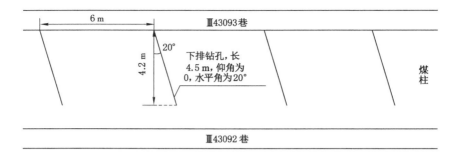

图 5-15　下排注浆钻孔布置俯视图

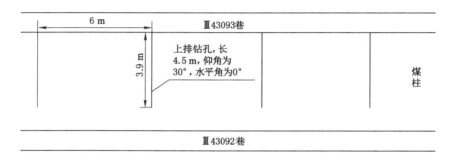

图 5-16　上排注浆钻孔布置俯视图

表 5-5　沿底掘进段注浆钻孔施工参数

施工位置	施工层位	开孔位置	孔深/m	钻孔直径/mm	仰角/(°)	水平角/(°)
区段小煤柱试验段	上排	距底 2.2 m	4.5	42	30	0
	下排	距底 1.2 m	4.5	42	0	20

（2）注浆时机

注浆技术是一项实用性强、现场应用广的工程技术,主要用于减小岩土裂隙,提高其强度,减小压缩性。随着对其深入探索,注浆技术在注浆工艺、注浆材料、注浆机械等方面均有较大的改革。注浆加固技术是二次加固技术的一种,在解决深部破碎软岩支护问题上有较好的效果。注浆加固的时间选择对注浆效果有很大的影响,注浆过早,围岩变形小,裂隙发育不充分,导致浆液注不进去,影响注浆效果;注浆过晚,围岩变形过大,缝隙发育过于充分,导致浆液在缝隙中囤积,不能与围岩充分接触,甚至从缝隙喷溢出来,影响注浆效果,因此注浆时间的选择对注浆效果有着非常明显的影响。

地下巷道在开挖之前,围岩处于三向原岩应力压缩状态,围岩内积累了大量"膨胀势能"。开挖巷道,对其围岩来说意味着卸载,将大量积蓄在围岩内部的"膨胀势能"释放出来,促使岩块向外"膨胀"而导致岩石破裂。尽管从理论上讲,可以采用"硬顶"的方法阻止其释放出来,但是实际上却是行不通的。有效的方法是等到能量释放到一定程度之后才进行永久支护。

松动圈支护理论认为:在弹塑性状态下支护不可能起到支护作用,只有当围岩松动圈产生之后,才能产生能够作用于支护体上的"碎胀变形压力"和"松动围岩自重压力",其主要支护对象是"碎胀变形压力"和"松动围岩自重压力"。

碎胀变形的实质是破裂岩块的张开及滑移。在巷道开挖后松动圈瞬时形成的初始状态下,围岩中破裂缝隙虽已产生,但是在围岩径向、环向应力的作用下,其张开程度受到抑制。现场实测发现:围岩碎胀变形释放滞后于松动圈的产生,如图 5-17 和图 5-18 所示。

(a) 裂缝产生   (b) 适度扩张   (c) 过度扩张

图 5-17 围岩裂缝产生及扩展过程

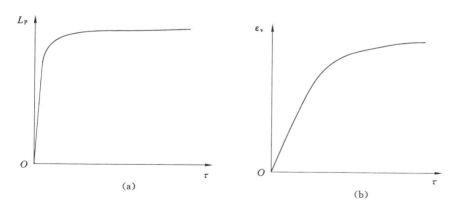

图 5-18 碎胀变形与松动圈关系曲线

因为破裂岩体的裂隙扩张所产生的碎胀蠕变作用,在经过一段时间之后围岩破裂缝隙的张开程度增大了。通过软岩注浆加固试验发现:巷道刚开挖时,若紧跟工作面注浆,则浆液难以注入岩体,易从注浆孔中流出;在工作面掘进过后30 d,注浆施工滞后掘进工作面 80～110 m 时,浆液的渗透性较好。

基于以上理论和注浆材料的凝胶时间与最大抗压强度关系,并结合长平煤矿实际情况,最终确定注浆时机为Ⅲ43092 巷掘工作面之后 100 m 注浆。

（3）注浆压力

注浆压力对注浆效果影响较大,主要取决于围岩破碎情况、孔隙连通程度和浆液流动性等,根据经验,注浆压力为 6～8 MPa 较适宜,当漏浆严重时,应适当降低注浆压力。

（4）单孔注浆量

单孔注浆量取决于围岩破碎范围、浆料扩散范围、材料凝固速度等,根据经验,平均单孔注浆量约 0.5 t。注浆时应保证持续注浆,一般应注至不进浆为止,终止注浆时应稳压至 6～8 MPa。

5.3　本章小结

（1）确定区段小煤柱加固方式为注浆加固,注浆材料为水泥-水玻璃双液浆,注浆方法为静压渗透注浆。

（2）通过对双液浆材料性能的测试,测定了双液浆的凝胶时间、固结体抗压强度和加固破碎煤体抗压强度等参数,并结合区段小煤柱地质条件和现场实践经验确定双液浆材料的配合比为试验中 5 号浆液,其配合比为:水泥浆水灰比为 0.6,水玻璃浓度为 1∶40,其凝胶时间为 42 min;不同龄期固结体抗压强度为 4.08～16.13 MPa,且3 d 固结强度达到最大抗压强度的 41.8%,7 d 固结强度达到最大抗压强度的 86.3%,14 d 以后达到抗压强度最大值且稳定;加固破碎煤体 7 d 龄期抗压强度为 5.18 MPa,14 d 达到最大值 7.61 MPa,计算得到注浆加固后煤柱抗压强度为 10 MPa。

（3）设计区段小煤柱注浆加固方案及注浆孔、注浆时机等具体参数。

6 火灾防治技术体系

6.1 小煤柱位于工作面后方采空区围岩应力演化规律研究

当小煤柱位于采空区后方时,由于煤柱两侧均为采空区,小煤柱受到集中应力的影响进一步破坏,建立小煤柱位于采空区后方应力及塑性区分布计算模型,得到应力及塑性区分布如图6-1和图6-2所示。

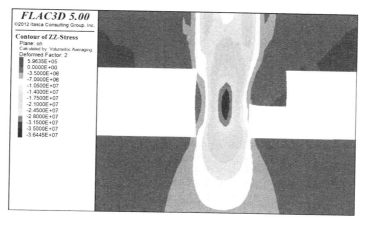

图 6-1　7 m 宽煤柱垂直应力云图

图 6-1 给出了 8800 工作面推进 60 m 时采空区后方煤柱应力及破坏情况,此时煤柱未发生全部破坏,煤柱存在弹性区,弹性区占煤柱整体宽度的60%,煤柱能够保持稳定,后续对煤柱进行了支护及喷浆处理,煤柱稳定性进一步提高。

但是随着工作面的进一步推进,8800 工作面开采到工作面见方位置时,小煤柱的应力进一步演变,如图6-3所示。

随着工作面推进,煤柱对应的 8800 工作面采空区范围逐渐增大,逐渐接近

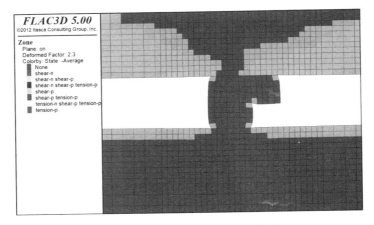

图 6-2　7 m 宽煤柱塑性区分布图

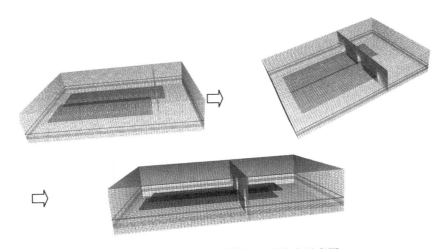

图 6-3　随工作面回采煤柱应力演变示意图

充分采动状态,此时小煤柱受力进一步增大。图 6-4 给出了随着工作面推进至充分采动时工作面后方不同位置处小煤柱附近的应力分布状态。

由图 6-4 可知:当工作面超前小煤柱 250 m 时,小煤柱位置处垂直应力明显增大,随着工作面超前小煤柱距离的进一步增加,小煤柱位置处应力状态趋于稳定,如图 6-4 中工作面后方 300 m 切面小煤柱应力与 350 m 切面小煤柱应力接近。因此在工作面推进过程中,小煤柱发生破坏最大位置为滞后工作面 250 m 附近。

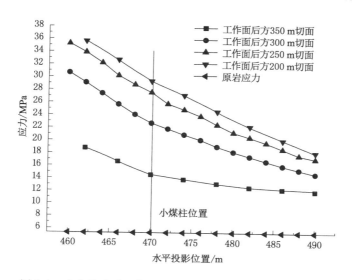

图 6-4   充分采动时工作面后方不同位置处小煤柱应力分布图

6.2   小煤柱侧采空区后方漏风规律现场实测

6.2.1   漏风成因及源汇分析

在需要检测的井巷风流中,连续、稳定、定量地释放 SF_6 示踪气体,当井巷为正压漏风时,沿途风流中的 SF_6 示踪气体浓度相等;若为负压漏风,沿途风流中的 SF_6 示踪气体浓度逐渐下降,但是通过井巷中的示踪气体总量不变。据此确定与不同漏风方式相应的漏风检测方法,计算出漏风量,从而得到矿井漏风分布规律。

影响采空区漏风的因素有很多,其内在因素是采空区的漏风风阻,其与采空区的压实胶结状况、密闭质量等有关,受回采工作面推进速度、放顶质量、注浆量、浆液分布情况、煤层倾角、采高、顶板岩性、含水率、矿山压力等因素的影响。若采空区为密闭区,则采空区漏风风阻是时间的递增函数,而密闭墙的风阻是时间的递减函数,所以对于密闭火区的密闭墙,其墙面和周边要定期填抹灰浆,以保持密闭墙的密闭质量。外在的影响因素为漏风风路两端的风压差。影响风压差的因素有地面大气压力的变化、火区内瓦斯涌出量、矿井自然风压的变化、火区火势的发展程度和火风压大小等。

6.2.2 示踪气体漏风测定原理

SF_6 无色、无味、无嗅,是不燃惰性气体,其物理活性大,在扰动的空气中可以迅速混合并均匀分布在监测空间内。这种气体不溶于水,无沉降,不凝结,不为井下物料表面所吸附,不与碱起作用,是一种良好的负电性气体。SF_6 的检出灵敏度高,使用带电子捕获器的气相测谱仪均可有效检出(检测精度为 8×10^{-12})。另外,SF_6 在大气与矿井环境中的本原含量极低,为 $10^{-14} \sim 10^{-15}$ g/mL。因为 SF_6 所具有的这些性能,人们可以方便、准确地应用其进行矿井漏风检测。因此,SF_6 是一种理想的示踪气体。

作为示踪气体,必须自然本底浓度低,具有较好的稳定性、不爆、难溶于水、无毒、无污染、与空气能快速混合均匀、便于检测等特点。SF_6 气体特性能满足以上要求,因此被广泛用于测漏技术中。

利用 SF_6 示踪气体脉冲释放法在短时间内将示踪气体从进风口释放到风流中去,然后在几个预先估计的漏风通道出口采取气样,通过分析采集的气样中是否含有 SF_6 以及根据到达接收点的时间来确定具体漏风通道。采用 SF_6 连续定量释放法还可以定量检测矿井漏风量的大小,其基本原理:在所考查的井巷风流中连续定量释放 SF_6 示踪气体,之后分别在顺风流方向预定的采样点采集气样,分析沿风流方向 SF_6 的浓度变化情况。如果沿途不漏风或向外漏风,则风流沿途各点 SF_6 浓度保持不变;如果沿途向巷道内漏风,则风流沿途各点 SF_6 浓度呈下降趋势。通过取样分析 SF_6 的浓度变化,求出沿途的漏风量,找出漏风规律。

采用示踪技术测量矿井风量的基本原理为示踪气体质量守恒方程。示踪气体释放后与巷内空气迅速且充分混合,巷道内空气密度不发生变化。当在释放点以连续恒定的释放速率释放示踪气体后,经过足够的距离,示踪气体与巷道风流充分均匀混合。若巷道风量稳定,在一定时间后,接收点的示踪气体浓度为常数,即 $\dfrac{\mathrm{d}C}{\mathrm{d}t}=0$。

连续恒量释放法是指在需要考察的井巷进风风流中,连续恒量释放示踪气体,然后分别在顺风流方向设定的采样点采集气样。如果沿途不漏风或者向外漏风,则沿途各点风流中的示踪气体浓度保持不变;如果沿风流方向有漏风涌入,会使井巷中示踪气体浓度发生变化且呈下降趋势。通过对采样点示踪气体浓度变化进行分析,即可求得漏风量,从而找出漏风规律。

示踪气体的释放速率为 q,假定采样时示踪气体已与空气充分均匀混合,通过某一采样点 A 的风量为 Q_A,示踪气体的浓度为 C_A,沿途有风流漏入,下一采

样点 B 的风量为 Q_B，SF_6 的浓度为 C_B，则这两点之间的漏风量 ΔQ 为：

$$\Delta Q = Q_B - Q_A = \frac{q}{C_B} - \frac{q}{C_A} \tag{6-1}$$

设漏风率为 K：

$$K = \frac{Q_B - Q_A}{Q_B} \times 100\% = \frac{\Delta Q}{Q_B} \times 100\% \tag{6-2}$$

6.2.2.1　瞬时释放法

瞬时释放法是指在可能的漏风源处一次瞬时释放一定量 SF_6 气体，同时在预先估计的可能漏风汇处定点定时（一般每隔 $5\sim10$ min）采集气样，利用带电子捕获检测器的气相色谱仪分析气样中 SF_6 浓度和第一次检测出 SF_6 的时刻。根据气样中是否含有 SF_6 可定性确定是否漏风；根据第一次检测出 SF_6 所用的时间由式（6-3）计算漏风风速：

$$v_{\min} = L_{\min}/t \tag{6-3}$$

式中　$v_{\min}$——最小漏风风速，m/s；

$L_{\min}$——漏风源与漏风汇之间的直线距离，m；

t——从释放 SF_6 到气样中分析出 SF_6 所经历的时间，min。

6.2.2.2　脉冲释放法

脉冲释放法是指在短时间内将示踪气体从疑似漏风源处释放到风流中去，然后在几个预先估计的漏风通道出口采集气样，通过分析气样中是否含有 SF_6 以及根据到达接收点的时间来确定具体漏风通道。

（1）释放方法

① 根据井下日常通风监测，找出风量异常增大或者减小区域、有毒有害气体异常增大区域，分析其原因。结合井上下对照图和通风系统图，分析可能存在的漏风源、汇，并进行井上下现场踏勘。

② 在疑似漏风源处按设定时间释放 SF_6 气体。在漏风出口和其他关键通道内每隔一定时间采集气样。

③ 将采集的气样送实验室分析，测定 SF_6 浓度。

④ 根据气样分析结果确定漏风情况。

（2）最小漏风风速的确定

煤的自燃需要良好的漏风供氧环境，存在最佳漏风供氧速度，可通过最小漏风风速判定采空区遗煤自燃程度。井下往往存在多个漏风出口，根据最短的漏风距离和最先收到气样的时间来确定风速的最低值，计算公式如下：

$$v_{L_{\min}} = L_{\min}t \tag{6-4}$$

式中　$v_{L_{\min}}$——最小漏风风速，m/s；

　　　$L_{\min}$——漏风源、汇之间的最短漏风距离，m。

t 为从 SF_6 释放到接收 SF_6 所经历的取样时间，min。SF_6 气体自燃本底浓度低，稳定性好，与空气能快速混合均匀，无毒，无污染，难溶于水，容易被检测和辨识，被广泛应用。

6.2.2.3　连续定量释放法

连续定量释放法是指在需要检测的井巷或工作面风流中利用 SF_6 连续稳定释放装置释放 SF_6 气体，同时在顺风流方向预定的采样点采样。通过分析所采气样 SF_6 浓度的变化情况，得出漏风量，从而得出漏风规律。若沿顺风风流中各点的 SF_6 浓度保持不变时，则沿途不漏风或向外漏风；若沿顺风风流中各点的 SF_6 浓度呈下降趋势时，沿途风流向内漏风。各采样点巷道风量按式（6-5）计算。

$$Q = 1\,000q/c \tag{6-5}$$

式中　Q——采样点的风量，m^3/min；

　　　q——SF_6 气体的定量释放量，mL/min；

　　　c——气样中 SF_6 气体的浓度，ppm（1 ppm＝1×10^{-6}）。

由式（6-5）就可以逐段求出各测段的漏风量，进而得到整个考察区段的漏风规律。

SF_6 连续释放系统（由减压阀、稳流阀、稳压阀和流量计组成）可以连续、定量地释放 SF_6 气体。收集到的 SF_6 气样用 SF_6 定量检漏仪检测其浓度，SF_6 连续释放系统和 SF_6 定量检漏仪如图 6-5 所示。

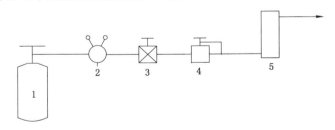

1—气体钢瓶；2—减压阀；3—稳压阀；4—稳流阀；5—流量计。

图 6-5　SF_6 连续释放系统

通过 SF_6 示踪气体对采空区漏风通道和漏风量进行测定，分析采空区的漏风规律，为研究采空区自燃规律和制定防火措施奠定基础。SF_6 定量检漏仪如

图 6-6 所示。

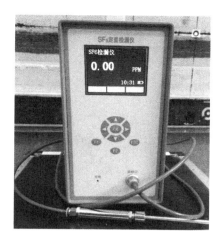

图 6-6　SF₆ 定量检漏仪

6.2.2.4　SF₆ 漏风测定参数确定

（1）连续定量释放法释放流量

SF₆ 释放量取决于漏风量和分析仪器的检测浓度范围，以保证检测浓度在检测有效范围内为原则，SF₆ 释放量的确定取决于巷道的风量和地表漏风量及分析仪器的检测浓度范围，连续定量释放法释放流量可用式（6-6）估算。

$$q = KCQ \tag{6-6}$$

式中　q——预计 SF₆ 定量释放流量，m³/min；

　　　K——系数，取 4~5；

　　　Q——巷道的风量；

　　　C——预定风流中的 SF₆ 示踪气体最小浓度，取决于仪器的检测灵敏度，取 1‰ppm。

由式（6-6）确定释放装置的释放流量为 3 L/min，满足要求。

（2）漏风量的计算

① 漏风率的计算：

$$\alpha_i = (C_{i+1} - C_i)/C_{i+1} \times 100\% \tag{6-7}$$

式中　α_i——井巷中第 i 段的漏风率，%；

　　　C——示踪气体浓度，10^{-6}。

② 漏风量的计算：

$$Q_漏 = \alpha_i Q \tag{6-8}$$

式中　$Q_漏$——漏风量。

（3）采样时间的确定

释放示踪气体后,采样时间过早或过迟会影响测定结果的准确性或造成不必要的浪费。气体在巷道中的流动绝大多数处于紊流状态,示踪气体在紊流中的扩散受到巷道中风速和纵向紊流系数的综合影响,如式(6-9)所示。

$$c(x,t) = \frac{q}{2Q}\Big[1 - \mathrm{erf}\Big(\frac{x-vt}{\sqrt{4D_1 t}}\Big)\Big] \tag{6-9}$$

式中　$c(x,t)$——距离释放点距离为 x、释放时间为 t 时巷道中示踪气体的浓度,ppm(1 ppm＝10^{-6});

q——示踪气体释放量,m^3;

Q——巷道中通过的风量,m^3/min;

x——距离释放点的距离,m;

t——示踪气体释放时间,s;

erf——误差函数;

u——巷道中风流速度,m/s;

D_1——纵向紊流系数。

示踪气体在巷道中的扩散浓度 $c(x,t)$ 与最大浓度之比为 0.999 9 时可以认为示踪气体在巷道中沿纵向扩散均匀,浓度不再变化,由式(6-9)确定的采样时间为 20 min。

（4）最短采样距离的确定

根据井巷断面面积与周界长度简单估算:

$$L \geqslant 32S/U \tag{6-10}$$

式中　L——释放点与取样点的间距,m;

S——井巷断面面积,m^2;

U——井巷周界长度,m。

根据表 6-1 可粗略估算 8805 进风巷道释放点与取样点的最短间距为 31.488 m、31.584 m。

表 6-1　释放点与取样点间距计算表

地点	高/m	宽/m	断面面积/周界长度	间距/m
8800 工作面进风巷道	3.60	5.00	1.02	＞31.488

（5）采空区漏风通道考察

当一个采空区(或火区)存在许多漏风入口和漏风出口时,若在某个可疑漏风入口释放示踪气体(一般采用 SF_6),在某些漏风出口接收示踪气体,如果收到示踪气体,说明与释放点相通,否则不通。如果同时接收到一氧化碳气体,说明该通道经过火源点。根据各接收点取样分析测得的浓度-时间关系曲线差异,可以判别它们与释放点的连通特性。如图 6-7(a)所示曲线陡而高,表明漏风畅通;图 6-7(b)所示曲线缓且矮,表明漏风不畅通;图 6-7(c)所示曲线呈现多峰,表明漏风不稳定;图 6-7(d)所示曲线呈现间断,表明漏风不稳定。

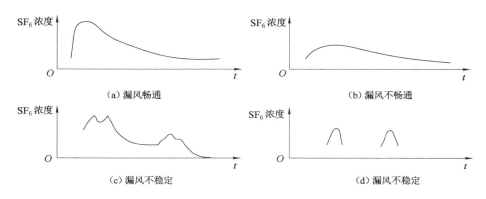

图 6-7 SF_6 浓度-时间关系曲线谱形

(6) 技术要点

① 准确把握第一次采样时间。第一次采样时间的确定十分重要,要在综合考虑 SF_6 的释放地点与采样地点的距离、漏风风流的速度和 SF_6 的扩散速度等因素的基础上确定第一次采样时间。一般来讲,小范围的漏风区域可在放样 5 min 之后开始采样,大范围的漏风区域不应超过 30 min。采取的气样要严密封闭,注明采样的时间和地点,然后送到地面用 SF_6 检测仪测定分析。

② 合理安排采样间隔时间。同一采样地点需多次采取气样,两次采样的时间间隔可取 3~8 min。一般来讲,同一采样点采样 7 次左右就足以检测出 SF_6 的最高浓度点。

③ 及时分析样品。样品中 SF_6 的浓度随采样时间的增加而降低,所以最好采集到气样后立即进行气样分析,最迟不能超过 24 h。

④ 保证地面分析测试环境空气清洁。开展测试工作前要先对分析仪器的环境进行通风,确保该环境内不得含有 SF_6,灌装 SF_6 的高压气瓶一定不能与分析仪器放置在同一室内。

6.2.3 测试结果分析

为研究 8800 工作面是否向 8805 采空区漏风,设计了如图 6-8 所示测试方案,在 8800 工作面进风巷道进行 SF$_6$ 释放,在回风巷道图中测点 A 处接收,同时在 8805 工作面密闭观测孔接收点 B 位置处进行观测。确定两采空区是否导通。

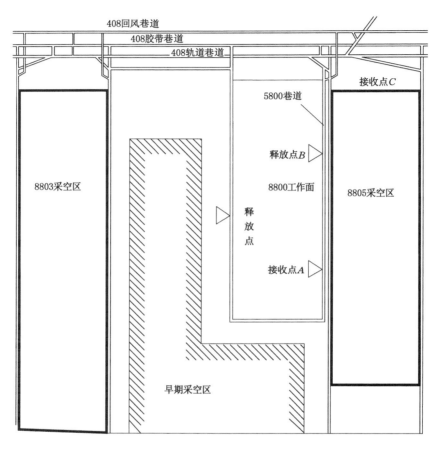

图 6-8 铁峰矿小煤柱侧漏风探测布置图

释放过程在监测点 A 和监测点 B 均测出一定浓度的六氟化硫气体,C 点未检测到气体。

表 6-2 进风巷道漏风测试气体浓度表

序号	接收时间	各测量方式接收地点 SF$_6$ 含量/ppm		
		监测点 A	监测点 B	监测点 C
1	8:55	0	0	0
2	9:10	0	0	0

表 6-2（续）

序号	接收时间	各测量方式接收地点 SF$_6$ 含量/ppm		
		监测点 A	监测点 B	监测点 C
3	9:13	0.111 0	0.131 0	0.000 7
4	9:16	0.167 9	0.157 7	0.001 7
5	9:19	0.167 7	0.147 8	0.000 9
6	9:21	0.202 8	0.191 8	0.000 0
7	9:24	0.199 7	0.188 7	0.002 4

对铁峰煤矿 8800 工作面小煤柱进行漏风测试可知小煤柱后方未见漏风。释放点释放初期，各接收点均未接收到 SF$_6$ 气体，随着时间推移，气体释放稳定后在监测点 A、B 均监测到示踪气体，且接收点 A 与 B 浓度接近，位于邻近采空区的接收点 C 浓度值较低。表明两采空区间没有漏风，且接收点 A、B 间小煤柱稳定性较好，未见明显漏风。

6.3　采空区发火三带数值模拟研究

6.3.1　煤自燃数值模拟研究现状

在实际开采中，井下环境较为复杂，给对煤自燃过程的研究带来了困难。因此，目前常用的方法是利用煤自然发火试验台对自燃过程中传热、传质及氧化放热规律进行模拟和研究。近年来，美国、澳大利亚、法国和中国等国学者主要采用试验和数值模拟方法研究煤自燃动力学过程。如路长等[108]利用自制的试验装置进行了自燃模拟试验，得到了煤自然发火期和临界温度；余明高等[109]根据煤与氧反应的热平衡方程导出了煤最短自然发火期预测模型，确定了煤自然发火期修正系数；谢应明等[110]通过自制的升温氧化装置，考察了煤体粒度、风流流量和瓦斯含量对煤低温氧化的影响，揭示了煤低温氧化规律；梁运涛等[111]建立了描述煤低温氧化自热的数学模型，对煤自然发火期进行预测；李光亮等[112]利用传统三维可视化建模技术，构建了煤田火灾三维模型；李宗翔等[113]对综放工作面煤柱内的漏风和耗氧过程进行了数值模拟；王继仁等[114]从微观角度研究了煤的分子结构、煤表面与氧的物理吸附和化学吸附机理，并建立煤微观结构与组分量质差异自燃理论。吴晓光[115]对煤自燃的温度场进行研究，并采用

ANSYS 软件进行求解；文虎[116]通过对煤自燃过程的数值模拟研究，发展了综放工作面采空区及巷道自然发火预测理论；卢山等[117]建立了煤堆自燃过程的二维非稳态数学模型，对煤堆自燃进行了数值模拟。贾宝山[118]建立了煤矸石山内气体流动的三维数学模型。卢国栋[119]研究了煤田火区气体流动机理，并进行了数值模拟。邓军等[120]利用大型煤自然发火试验台，对煤自燃条件和过程进行试验研究，并用传热学、传质学和流体力学等理论，建立了煤自然发火数学模型，确定了模型中耗氧速率和放热强度等相关参数，揭示了煤自然发火进程和高温点动态移动规律。

6.3.2 几何模型建立

应用 Auto CAD 软件中的点、线、面工具建立铁峰矿 8800 工作面采空区三维物理模型的几何结构，几何尺寸如图 6-9 所示。

1—主运输巷道；2—主回风巷道；3—工作面；4—采空区；5，6—回风巷道；7，8—运输巷道。

图 6-9　8800 工作面采空区物理模型的几何结构

将上述模型导入 ICEM CFD 中进行网格划分，网格最大 2 m 一个，最小 0.5 m 一个，网格采用六面体，共有 535 768 个网格，488 296 个节点，如图 6-10 所示。

6.3.3 模拟参数确定

根据多孔介质流体力学理论和 FLUENT 计算理论，确定求解计算设置如下：

（1）计算精度确定：选择三维单精度。

（2）设置求解器：选择压力基隐式求解器。

（3）定义材料物性：利用 UDF 采空区的密度、比热容与热导率等参数进行定义。

（4）设置区域条件：定义采空区为多孔介质流体区域；在流体区域选择多孔

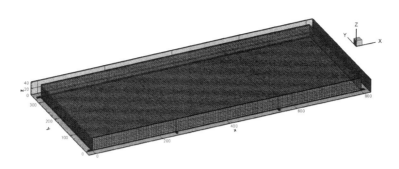

图 6-10　网格划分示意图

介质和源项,其中黏性阻力系数、惯性阻力系数、孔隙率、耗氧及放热源项均采用用户自定义函数设置。

(5)设置边界条件:入口边界为速度入口;出口边界为 outflow 充分发展出口;不同的多孔介质区域交界面设为内部面。在未进行特殊说明时,模拟主运输巷道进风量为 2 200 m³/min。

上述控制参数的求解均采用有限体积法进行离散,每个离散方程都采用逐线迭代的方式求解,每条迭代线都采用三对角矩阵算法和松弛因子相结合的方法进行计算,速度与压力之间的耦合采用基于交错网格的 SIMPLE 算法,压力选择 PRESTO,氧气的松弛因子为 0.91,瓦斯的松弛因子为 0.91,能量的松弛因子为 0.9,收敛指标为默认值。

6.3.4　模拟方案确定

模拟采用控制变量法分析采空区自燃"三带"各种影响因素的变化对其范围所产生的影响。通过改变边界条件分别调节模型中的供风量、各密闭漏风量以及采空区涌水量,研究各种因素对采空区漏风和氧浓度场的影响,并以按氧浓度划分的自燃"三带"的变化作为影响程度的衡量依据。

6.3.5　采空区后方小煤柱漏风对自燃"三带"的影响

经现场实测,8800 工作面后方小煤柱向采空区内部漏风,工作面前方小煤柱密闭性良好,未见明显漏风,为了对存在漏风情况进行预测,进行了如下模拟研究。

(1)小煤柱距离工作面后方 150 m 处漏风

首先研究工作面后方 150 m 处漏风量对采空区自燃"三带"（图 6-11）造成的影响。

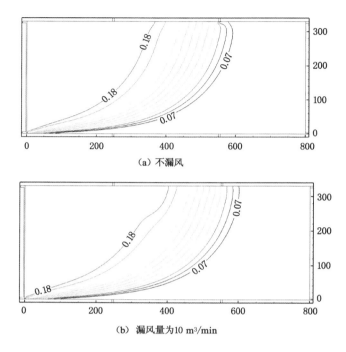

（a）不漏风

（b）漏风量为10 m³/min

图 6-11　漏风点距离工作面 150 m 时采空区自燃"三带"示意图

由模拟结果可知：当漏风位置在工作面后方 150 m 处时，漏风位置处于散热带内，漏入风流对采空区深部影响不大。当漏入风流量较大时，会使氧化带向采空区深部移动，进一步对采空区氧浓度场进行分析，将按氧浓度划分采空区进风侧、中部和回风侧氧化带宽度统计如图 6-12 所示。

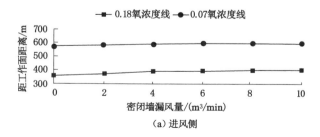

（a）进风侧

图 6-12　工作面后方 150 m 处漏风采空区氧化带宽度分析图

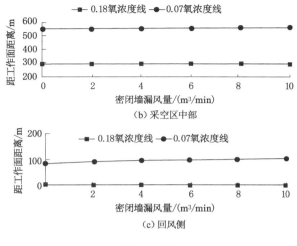

图 6-12(续)

由模拟分析结果可知:漏风点位于距工作面 150 m 位置时,进风侧 18％和 7％氧浓度线向采空区深部逐渐移动,采空区中部和回风侧 18％氧浓度线基本不受影响,7％氧浓度线向采空区深部移动但幅度较小,采空区中部和回风侧氧化带范围逐渐加宽,进风侧氧化带范围无变化。当密闭墙从不漏风逐渐增加至漏风量为 10 m³/min 时,进风侧 18％氧浓度线从 362 m 移动至 405 m,7％氧浓度线位从 578 m 移动至 601 m,采空区中部 18％氧浓度线基本位于 290 m 不变,7％氧浓度线从 548 m 移动至 558 m,回风侧 18％氧浓度线位于回风巷道附近,7％氧浓度线从 82 m 移动至 102 m。此时可发现:当漏风点位于散热带范围内时,随着漏风量的增加散热带范围逐渐增大,但是对采空区内自燃"三带"的影响较小。

(2)运输巷道密闭墙距离工作面 250 m

当漏风点距离工作面 250 m 时,此时漏风位置已进入采空区氧化带内,不同漏风量的模拟结果如图 6-13 所示。

当密闭墙距工作面 550 m 时,此时漏风点处于采空区氧化带内,由图 6-13 可知漏入采空区的新鲜风流会对采空区内自燃"三带"的分布造成较大影响,散热带范围明显增大,且散热带逐渐向采空区内部和回风侧扩大,对采空区氧浓度场进一步分析,将按氧浓度划分采空区进风侧、中部和回风侧氧化带宽度统计如图 6-14 所示。

由模拟分析结果可知:当漏风点距离工作面 550 m 时,此时密闭墙位于氧化带内,由密闭墙漏入的新鲜风流随风流量的增大对采空区自燃"三带"的影响

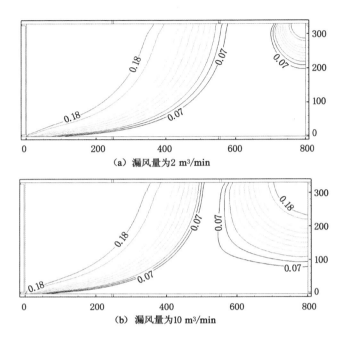

（a）漏风量为2 m³/min

（b）漏风量为10 m³/min

图 6-13　漏风点距离工作面 250 m 时采空区自燃"三带"示意图

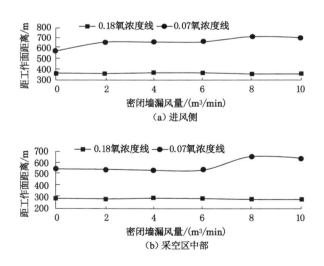

（a）进风侧

（b）采空区中部

图 6-14　漏风点距工作面 250 m 时采空区氧化带宽度分析图

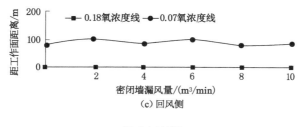

图 6-14(续)

明显增大,进风侧方面,18%氧浓度线随着漏风量的增加向采空区有少量移动,但基本保持不变,而7%氧浓度线从不漏风时的 578 m 逐渐移动至 708 m,进风侧氧化带宽度明显增大,当漏风量达到 10 m³/min 时,进风侧氧化带宽度比不漏风时增大了 134 m。采空区中部 18%氧浓度线也基本不受漏风影响,但7%氧浓度线受漏入风流影响明显,从不漏风时的 548 m 逐渐移动至 648 m,当漏风量达到 10 m³/min 时,采空区中部氧化带宽度比不漏风时增大了 110 m,此时极大增加了采空区内遗煤自燃的可能性。

6.4　小煤柱护巷综合防灭火体系

8800 综放工作面平均煤厚度为 8.75 m。开采煤层工作面设计走向长度为 571.6 m,设计可采走向长度为 493.27 m,倾斜长度为 180 m,煤层自燃倾向为自燃煤层,采用综采放顶煤工艺,采空区留有浮煤,存在一定的自然发火危险性;采用小煤柱开采后,该工作面小煤柱受集中应力影响在采空区后方发生破坏,存在相邻采空区连通现象。

根据我国综采放顶煤工作面防治自然发火的成功经验,结合铁峰煤矿的实际情况,拟采取的技术方案:采用自然发火预测预报技术为主,氮气防灭火技术和灌浆防灭火技术等相结合的综合防灭火措施。通过技术集成与示范,形成一套完整的火灾防治技术体系,保障 8800 综放工作面的安全回采,并为后续工作面的防灭火工作开展提供技术支撑。

6.4.1　监测监控系统

在完成实验室自然发火基本参数测定的基础上,利用其研究成果指导工作面自然发火预测预报工作。煤层自然发火预测预报系统拟采用色谱束管火灾监测系统、人工取样地面色谱分析和井下现场检测相结合的方式,对工作面进行自然发火预测预报。

与氮气防灭火配套的最重要措施是火灾检测系统。一是《煤矿安全规程》规定,采用氮气防灭火必须有能连续不断检测采空区气体成分变化的检测系统;二是必须准确地监测采空区和火区的气体成分的变化及其态势,才能比较准确地进行自然发火预测预报;三是采空区发火一般不易发现,必须及时监测采空区发火征兆,为采取相应的防灭火措施提供依据。因此,需要建立井下火灾束管监测系统。

目前国内用于监测火灾的系统有两种——井下型火灾束管监测系统和地面色谱束管火灾监测系统。前者是将真空泵、气体采样分析柜和控制箱安置于井下工作面附近的联络巷道或机电峒室内,电信号通过传输电缆送到地面计算机,并进行数据处理、存贮,火灾系数分析,爆炸危险性判断,报表打印等,具有系统管理和维护简单的优点。后者是将井下采空区或封闭区内的气体通过束管抽到地面,然后采用气相色谱仪分析,具有分析组分多的优点,其缺点是井下和地面存在温度差,束管内容易积水,另外,井下束管铺设路线长,管理和维护不易。经综合分析比较,建议选用井下色谱束管火灾监测系统。

(1) 技术要求

① 色谱仪的适应性:满足煤矿气样中水、尘较大的需要。

② 分析组分:O_2、N_2、CO、CO_2、H_2、CH_4、C_2H_2(乙炔)、C_2H_4(乙烯)、C_2H_6(乙烷)。

③ 分析精度:± 1 ppm。

④ 数据工作站。

⑤ 标准气体配置上述 9 个组分。

⑥ 井下色谱束管火灾监测系统(信号输出要求 4～20 mA 或 0～5 V)应与铁峰煤矿采用的 JSG-4 型煤矿安全监控系统联网运行,并具有进行数据自动处理、自动贮存、打印分析结果等功能。

⑦ 聚乙烯束管和单管及真空泵均应具有有效的安全标志。

(2) 测点的设置

日常监测采空区自然发火的情况下,共设置 8 个束管测点,分别为:8800 工作面进、回风侧采空区,上隅角等位置。进风上隅角 1 个,回风巷道口 1 个,进、回风侧采空区各 3 个。当工作面推进 15 m,采用 2 寸(1 寸=3.33 厘米)钢管作为套管,分别在进、回风巷道沿采空区各埋设一趟取气管路,进风侧设 3 个测点,回风侧设 3 个测点,并设置采样探头,采样探头内设置滤尘器,采空区测点采用循环交替方法进行布置,作废测点不予回收;当埋入采空区 50 m 后,再埋第二趟,如此交替埋设,直至采完为止。

埋入采空区的束管管口取样点处应用大块矸石或木跺防护,以防止浮煤堵塞束管取样口。抽出的气体进入气体分析采样控制柜,再接入气相色谱仪分析,分析数据由数据工作站处理,自动存储,并打印报表。实时监测数据进入铁峰矿井综合自动控制系统。

（3）人工检测

人工检测是指每班派专人使用便携仪巡回测定工作面、上隅角、回风巷道、联巷密闭等处的 O_2、CH_4、CO,发现问题及时报告,以便采取相应措施。

6.4.2　防灭火技术

6.4.2.1　注氮防灭火

注氮防灭火技术的实质是将氮气送入拟处理区,使该区域空气惰化,氧气浓度降低至煤自然发火的临界浓度以下,以抑制煤的氧化自燃,直到火区窒息的防灭火技术。

（1）制氮能力的确定

① 设计依据。

根据该采区生产能力和服务年限,本着满足 8800 工作面注氮防灭火需要,兼顾全矿达产后防灭火的需要,制氮能力的确定主要依据《煤矿用氮气防灭火技术规范》（MT/T 701—1997）,现依据 8800 工作面的设计能力,按 300 d 计算,日产原煤 10 833 t。

② 防灭火注氮流量的计算。

氮气防灭火技术作为 8800 综放工作面采空区指标气体异常时的主要防灭火措施,由于每个矿井的地质条件、煤层开采条件和外围因素各不相同,因此,确定防灭火注氮流量就成为一个比较棘手的问题。从理论上讲,注氮流量越大,防灭火（特别是灭火）的效果就越好,反之就越差,甚至不起作用。要使选用的制氮能力既能满足防灭火所需注氮流量的要求,又能充分体现经济技术上的合理性,根据我国应用氮气防灭火的经验,设计时着重考虑以下几个指标。

a. 采空区防火惰化指标。

预防综放面采空区内煤炭自然发火,重点是将采空区氧化带惰化,使氧含量降至阻止煤炭氧化自燃的临界值以下,从而达到使氧化带内的煤炭处于不氧化或减缓氧化的状态。

按照煤炭氧化自燃的观点,采空区气体组分中除氧气外,氮气、二氧化碳等均可视为惰性气体,对煤炭的氧化起抑制作用。氧气是煤炭自燃的助燃剂,注氮后采空区氧化带内氧气浓度反映了注氮效果,因此将氧含量临界值作为惰化指标是合理的。国内外试验研究表明:当空气中氧含量降至 7%～10% 时煤就不易被氧化,我国煤矿安全规程也明确规定注氮后采空区氧化带内氧含量应小于7%,因此煤矿安全规程将采空区防火惰化指标定为7%是合理的,并将其作为设计依据。

b. 火区惰化指标。

采空区或巷道一旦发生火灾,采用注氮方法灭火时,在注氮的初期注氮流量要大,这是因为:一方面要迅速将火区空间惰化,另一方面注入的氮气要惰化漏进的新鲜风流。火区惰化后,继续注入的氮气主要起惰化漏风作用,注氮流量相应减少。通常灭火注氮量可按封闭火区体积的3倍计算。

试验研究表明:气体成分中氧含量低于5%时就能阻止煤炭的氧化和燃烧,为防止采空区内可燃气体因明火而发生爆炸,因此,煤矿安全规程将火区惰化指标定为氧含量低于3%是合理的,并将其作为设计依据。

c. 预防性注氮防火流量的计算。

工作面防火注氮流量主要取决于采空区的几何形状、氧化带空间大小、岩石冒落程度、漏风量及区内气体成分的变化等因素。《煤矿用氮气防灭火技术规范》(MT/T 701—1997)中推荐的计算方法为按采空区氧化带氧含量计算,其余的计算方法仅作参考。

Ⅰ. 按采空区氧化带氧含量计算[《煤矿用氮气防灭火技术规范》(MT/T 701—1997)标准中推荐的计算方法]。

采用该方法计算的实质是将采空区氧化带内的原始氧含量降到防火惰化指标以下,按式(6-11)计算注氮流量。

$$Q_N = 60Q_0 \cdot k \frac{C_1 - C_2}{C_N + C_2 - 1} \tag{6-11}$$

式中　Q_N——注氮流量,m^3/h;

Q_0——采空区氧化带内漏风量,m^3/min,取 18.2 m^3/min;

C_1——采空区氧化带内平均氧浓度,8%～18%,取 12%;

C_2——采空区惰化防火指标,取 7%。

C_N——注入氮气浓度,97%。

K——备用系数,1.2～1.5,取 1.3。

代入数据得:

$$Q_N = 60 \times 18.2 \times 1.3 \times \frac{0.12 - 0.07}{0.97 + 0.07 - 1} = 1\ 479\ (m^3/h)$$

Ⅱ. 按产量计算。

按产量计算的实质是向采空区注入一定流量的氮气,以惰化每天采煤所形成的空间体积,使其氧气浓度降到惰化指标所需要的注氮流量,按式(6-12)计算。

$$Q_N = k \cdot \frac{A}{24\rho N_1 N_2 t} \cdot \left(\frac{C_1}{C_2} - 1 \right) \qquad (6\text{-}12)$$

式中　Q_N——注氮流量，m^3/h；

　　　A——年产量，取 3 250 kt/a；

　　　t——年工作日，取 300 d；

　　　ρ——煤的密度，取 1.3 t/m^3；

　　　N_1——管路输氮效率，取 0.9；

　　　N_2——采空区注氮效率，0.3～0.7，取 0.7；

　　　C_1——空气中的氧含量，取 20.9%；

　　　C_2——采空区防火惰化指标，规程定为 7%；

　　　K——备用系数，1.3～1.5，取 1.3。

代入数据得：

$$Q_N = 1.3 \times \frac{3\ 250\ 000}{24 \times 1.3 \times 0.9 \times 0.7 \times 300} \times \left(\frac{0.209}{0.07} - 1 \right) = 1\ 423\ (m^3/h)$$

Ⅲ. 按瓦斯量计算。

$$Q_N = \frac{60 Q_0 C}{10 - C} \qquad (6\text{-}13)$$

式中　Q_N——注氮流量，m^3/h；

　　　Q_0——工作面通风量，取 1 817.9 m^3/min；

　　　C——综放工作面回风巷道瓦斯浓度，取 0.1。

代入数据得：

$$Q_N = \frac{60 \times 1\ 817.9 \times 0.1}{10 - 0.1} = 1\ 102\ (m^3/h)$$

Ⅳ. 灭火注氮流量。

扑灭采空区火区或巷道发火点所需氮气量主要取决于发火区域的几何形状、空间大小、漏风量、火源范围和燃烧时间等。

对于巷道火灾，主要按空间量和漏风量计算，国内外试验研究表明灭火用氮量为巷道空间的 3 倍。

扑灭采空区火灾可按式（6-14）估算。

$$Q_N = V_0 \left(\frac{C_1}{C_2} - 1 \right) \qquad (6\text{-}14)$$

式中　Q_N——注氮量，m^3；

　　　V_0——火区体积，m^3；

　　　C_1——火区原始氧浓度，%；

　　　C_2——注氮区欲达到的氧浓度，取 3%。

一般灭火时间按 5～10 d 确定灭火注氮流量，即 $\dfrac{Q_{N}}{24\times(5\sim10)}$，单位为 m^3/h。

Ⅴ. 防灭火注氮流量的确定（表 6-3）。

表 6-3　防灭火注氮流量计算

理论计算结果	按采空区氧化带氧含量	按工作面产量	按瓦斯量	按防灭火注氮流量
注氮流量/(m^3/h)	1 479	1 423	1 102	1 500

通过上述计算，根据相似矿井应用氮气防灭火经验，结合铁峰煤矿 8800 综放工作面的开采条件，将工作面指标气体异常时的防灭火注氮流量确定为 1 500 m^3/h。

（2）注氮合理位置模拟分析

为了在有限的条件下最大限度发挥注氮防灭火效果，将注氮流量固定为 1 500 m^3/h，采用数值模拟方法对不同注氮位置处的采空区氧浓度场进行分析，得到注入位置距工作面 20 m、50 m、80 m 和 110 m 时 $z=2$ m 水平面氧化带分布图，如图 6-15 所示。

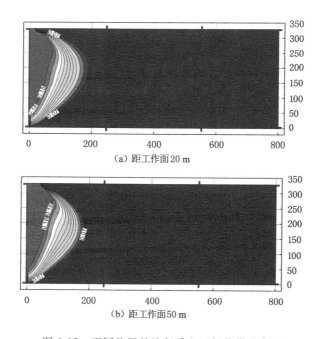

（a）距工作面 20 m

（b）距工作面 50 m

图 6-15　不同位置处注氮采空区氧化带分布图

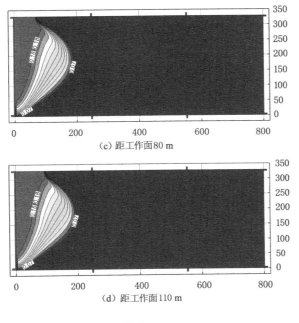

图 6-15（续）

　　从模拟结果来看:不同位置处注氮时氧化带的分布差异主要体现在采空区进风侧,随着注入位置与工作面距离增大,进风侧散热带宽度增大的同时注氮影响范围在工作面倾向略有增大,这一现象与采空区漏风的分布情况相适应。总体来看,在采取注氮防灭火措施后采空区氧化带最大宽度出现在采空区中部,不同注氮位置带来的影响主要体现在采空区深部窒息带边界位置,以此作为衡量注氮位置对注氮效果的影响,绘制曲线如图 6-16 所示。

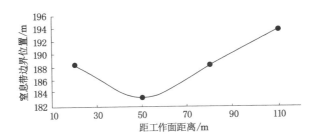

图 6-16　窒息带边界位置随注氮位置变化规律

　　从图 6-16 可以明显看出:随着注氮位置向采空区深部移动,窒息带边界与工作面距离先减小后线性增大,最佳注氮位置为距工作面 50 m,此时采空区散热带宽度为 0～82 m,氧化带宽度为 7～130 m,距离工作面 183.4 m 后完全进入窒息带。根据以上分析结果确定 8800 工作面合理注氮位置为距工作面 35～65 m。

（3）氮气供应及输氮管路

铁峰煤矿注氮使用的氮气由中天合创能源有限责任公司化工分公司提供,浓度大于等于 97％,能够满足矿井需要。矿井工业场地距煤化工区 4.5 km,氮气到达矿井工业场地压力为 1.0 MPa。矿井工业场地内氮气输送干管选用 D219×6 无缝钢管,管路由中央风井敷设至井下工作面。

注氮方式根据采空区遗煤自然发火情况决定,结合采空区氧气浓度和各指标气体浓度,当采空区气体成分异常时,针对易发火位置,经总工程师批准,及时采取注氮措施,做到时空精准注氮。

6.4.2.2 注浆防灭火

灌浆防灭火是将注浆材料（黄土、页岩、矸石、粉煤灰、尾矿等）细粒化后加水制备成浆,用水力输送到煤矿井下注入需要防灭火区域内,封堵漏风通道、包裹煤岩以阻止其氧化、冷却煤岩温度而预防或扑灭矿井火灾的一项技术措施。

8800 工作面开采煤层的特点:一是煤层倾角小于 5°,不利于浆体沿倾斜方向的扩散;二是工作面倾斜长度达 180 m,注浆口在进、回风侧采空区,灌浆时间短,浆体很难到达采空区中部,更不用说充满采空区。三是采高平均达到 8.75 m,浆体很难将采空区充填满,预防和扑灭采空区位置较高处的高温点难度大。四是回采工作面目前存在大量涌水,灌入采空区的浆液将被涌水冲出,失去包裹煤体的效果。

综上所述,铁峰煤矿工业广场内建有的 ZLJ-60 型固定式粉煤灰灌浆防灭火系统在目前开采条件下的主要作用是为工作面两端头注浆防火、停采撤架后对停采线及密闭内的采空区进行大量灌浆充填,并作为抢险救灾时快速处理低位火源火灾的备用措施。后续工作面开采涌水量减小,煤层倾角增大时可采用埋管灌浆的方法。

（1）灌浆防灭火作用机理

灌浆的防灭火作用机理有以下三点:

① 浆体灌入采空区后,借助其黏结性将浮煤和其他可燃物包裹起来,将空气与可燃物隔绝,防止其氧化发热而发生自然发火。

② 浆体灌入采空区或火区的周围煤岩冒落体的裂隙中,使其形成再生整体,加强了采空区或火区的密闭性,减少了漏风。

③ 浆体直接灌入火源点或高温煤体时,浆体能冷却煤体和围岩,起冷却降温作用,快速扑灭火源。

（2）灌浆材料的选择

灌浆材料主要为粉煤灰。

（3）灌浆方法

采用埋管灌浆法,即沿回采工作面回风巷道和运输巷道预先铺好灌浆管,预埋长度为 15～20 m,从灌浆管接出一段 50 mm 胶管,沿工作面方向分段(30 m 为一段),随着回采工作面推进向采空区均匀灌浆,出浆口距工作面的距离应不小于 15 m,灌浆时浆液出口压力应不大于 0.3 MPa。

当火势较大使工作面被迫封闭时,采用打钻孔灌浆,即通常采用在工作面相邻巷道或专门施工的灌浆巷中向火区打钻孔灌浆的方式,灌浆钻孔必须打到采空区的空顶处,且钻孔应深入采空区内 5～6 m。钻孔开孔孔径应不小于 108 mm,终孔孔径应不小于 89 mm,封孔要严密,钻孔与输浆管路的连接要牢固,并能承受最大的灌浆压力。

（4）注意事项

① 避免将输浆管路系统布置得两头高中间低。井下输浆管路应紧靠井巷壁铺设,固定牢固,每节管路不少于 3 点支撑,并涂以防锈漆。

② 除严格控制大颗粒进入输浆管路中外,注浆前应先用清水冲洗输浆管路,然后再下浆。灌浆结束后用清水清洗,以免泥浆在管路内沉淀。

③ 为防止泥浆堵管,应再加入 5‰的悬浮剂。

④ 当采空区涌水量较大时,不建议采用注浆方式。

6.4.3　火灾防治措施及防灭火要求

（1）日常防火措施

① 运用建立的火灾束管监测系统、人工取样色谱分析和人工便携仪检测,加强自然发火预测预报,根据检测结果分析采空区各气体成分的发展态势。

② 采空区气体成分异常时及时采取注氮、灌浆、喷洒压注阻化剂等防灭火措施。

③ 在有条件的情况下,分别在工作面上、下隅角挂风帘。

④ 在有条件的情况下,分别在工作面的上、下隅角每推进 15～20 m 构建挡风墙,具体做法是:用粉煤灰袋施工一道底宽 1.7 m、顶宽 1.1 m 的密闭墙,此墙遇顶板垮落后越压越紧。

⑤ 利用每日的检修班在工作面端头喷洒阻化剂防灭火材料,阻化剂与水稀释搅拌后,通过加压泵和雾化器进行雾化,随采空区漏风喷洒到端头浮煤煤体

表面。

（2）有针对性的防火措施

① 开切眼防火。

开切眼形成后，必须对工作面开切眼及两顺槽外加强喷浆，确保喷浆厚度大于 5 mm。

工作面开始推进时，由于此时工作面推进速度较慢，需要加强自然发火预测预报工作；工作面推进一定距离后若出现浮煤缓慢氧化现象，可对开切眼采空区内连续注入高纯度小流量的氮气；若开切眼附近煤体出现加速氧化，则在副切眼巷道内向开切眼打钻孔，注入阻化剂或防灭火胶体灭火。

② 采空区防灭火。

工作面推过开切眼进入氧化带后，应向开切眼区域注入粉煤灰浆和阻化剂，使该区域得到充分惰化。

当出现 CO 且浓度不断增大时，说明煤温已达到 49 ℃以上，可以判定浮煤处于缓慢氧化阶段，应加强采空区漏风检测，及时进行封堵漏，并强化标志气体的监测监控。

当检测到 CO 且有 C_2H_4 出现时，说明煤温已经达到 135 ℃以上，可以判定浮煤进入加速氧化阶段，可每天向采空区注入氮气和向火灾隐患部位注入粉煤灰、阻化剂灭火。

当检测到 C_2H_4 且 CO 浓度以指数增加方式增长时，说明煤温在 189 ℃以上，可以视为煤的氧化进入激烈氧化阶段，可每天向采空区连续注氮并向火患部位注入粉煤灰浆和阻化剂灭火。

当检测到 CO、C_2H_4 且 C_2H_4 与 C_2H_6 的浓度之比在 1.2～1.4 范围内变化，说明煤已经进入燃烧阶段出现明火；当同时检测到 C_2H_2 气体时，说明煤温已达到 400 ℃左右，此时采取措施要谨慎。

③ 工作面因故停采时期的防火。

当工作面因故停采和推进速度慢时，应加强上、下隅角和束管监测系统自然发火预测预报工作。如果出现较长时间的停采，每天应向采空区氧化带连续注氮。

④ 工作面停采撤架期间的防火。

当工作面停采撤架时，在保证工作面和回风巷道瓦斯不超标的情况下尽可能降低工作面通风量，并进行每班连续检测，必要时应进行采空区连续注氮和灌浆。

⑤ 巷道自燃的防治。

巷道周边火灾的防治：工作面巷道均布置在煤层中，当出现煤壁温度升高，通过打钻采用泵注阻化剂等方法进行降温。

巷道煤柱自燃的防治:采取向煤柱钻孔注入阻化剂等方法进行处理。

（3）防灭火相关管理措施

① 加快工作面推进速度,提高回采率,减少采空区丢煤量。

② 综合运用防灭火措施,制定火灾监测、注氮、注浆、黄泥（粉煤灰）胶体、堵漏、火源探测等管理制度。

③ 建立日工作面推进度、日产原煤、束管监测、注氮、灌浆、密闭墙等台账,每月汇总上报。

（4）防灭火要求

① 采取防灭火措施后,如不能有效消除自燃隐患,则必须对工作面锁风,进行封闭。

② 工作面开采后应避免长时间停产。

7 现场实践与效果分析

7.1 生产技术条件

7.1.1 小煤柱巷道支护状况

工作面上、下顺槽及开切眼断面均采用锚杆、锚索、金属网组合支护。支护目的主要是维护巷道围岩稳定,控制巷道围岩变形,以保证回采期间基本不维修。

(1) 工作面 5800 回风巷道

5# 煤层 5800 巷选用 4 000 mm×2 500 mm 金属网、ϕ20 mm×2200 m 的左旋无纵筋螺纹钢锚杆和 ϕ17.8 mm×9 000 mm 的锚索联合支护,可有效支护顶板。

经验算,确定 5800 巷按齐排方式布置 6 排锚杆,锚杆间距为 1 000 mm,排距为 900 mm;组合锚索和单锚索交错布置,组合锚索间距为 4 000 mm,单锚索排、间距为 2 000 mm、4 000 mm。

若发现巷道离层超过 200 mm 时,要及时在巷道周围补打锚杆、锚索进行加强支护,缩小锚杆的间距为 800 mm,锚索间距为 1 600 mm,排距不变。若顶板仍继续下沉离层,必须制定专项措施进行加强支护。

巷道掘进时为防止煤壁片帮,采用挂护帮网的支护方式,两侧巷帮均布置 3 排 ϕ20 mm×2 200 mm 的左旋无纵筋锚杆配套钢筋梯固定金属菱形网,护帮锚杆间、排距为 1 500 mm、900 mm。

施工巷道如遇顶板煤层特别破碎,要加强支护,用 2 根 9 m 锚索吊挂一根 4.8 m 长的 11 号矿用工字钢,工字钢两端 0.5 m 处加工孔径为 22 mm 的锚杆孔,然后吊挂在锚索上,工字钢上面铺设金属网再铺刹顶木,吊挂钢梁间距 1 m。

(2) 5800 回风巷道超前支护

在开采过程中,对两顺槽进行超前支护,超前支护长度:5800 顺槽为 30 m,2800 顺槽为 50 m。支护形式为“一梁三柱”,即头巷顺槽超前支护使用 5 m 花边形钢梁和三排液压单体支柱,液压单体支柱间距为 1 m。尾巷顺槽超前支护使用 3.9 m 花边形钢梁和三排液压单体支柱,液压单体支柱间距为 1 m。

7.1.2 工作面支护情况

8800 工作面初步设计配置 ZTZ20000/27.5/42T 端头支架 1 架;ZFG13000/27.5/42HT 头尾过渡架 7 架;ZF13000/25/38 中间基本架 98 架。支架梁长 5 400 mm,端面距 340 mm,工作面最小控顶距 5 740 mm,最大控顶距 6 540 mm。参数见表 7-1。

表 7-1　压支架参数表

| 项目 | 支架型号 | 高度/m | | 初撑力/kN | 工作阻力/kN | 移架步距/mm | 支护强度/MPa |
		最小值	最大值				
普通支架	ZF13000/25/38T	2.5	3.8	10 096	13 000	800	1.23
过渡支架	ZFG13000/27.5/42HT	2.75	4.2	10 096	13 000	800	1.16
端头支架	ZTZ20000/27.5/42T	2.75	4.2	15 467	20 000	600	0.52

7.2　现场矿压观测方案

7.2.1　观测内容

(1) 锚杆(索)应力

锚索、锚杆支护时的受力是巷道矿压观测的重点,可以通过锚杆、锚索的受力情况判断巷道围岩是否稳定。

MCS-400 锚杆(索)测力计由传感器和变送器组成,两者之间用长约 189 mm 的 ϕ12 mm 的不锈钢管连接。传感器采用应变测量技术,测量锚杆、锚索所承受荷载时的应力,然后传感器将应力传递到应变体上,进而使其发生形变,应变计可以将变形量转换为电压信号,再利用变送器将其转换为压力值,最终以数字的形式显示。

在安装过程中,首先要把测力计安装在锚杆的托盘和紧固螺母之间,且选择尽量靠近巷道中轴线的锚杆、锚索进行安装,以达到尽可能减小测量误差的目的,且测力计的安装最好与巷道掘进同步,也就是在巷道不断向前掘进的过程中依次安装。具体步骤为:先放入托盘,再将测力计穿入锚杆或锚索中。需要注意的是:在整个安装过程中,测力计要始终保持在巷道中部,最后旋紧螺母。安装的具体示意图如图 7-1 所示。

(2) 巷道表面位移

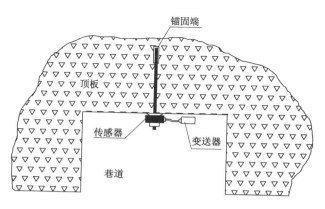

图 7-1　锚杆(索)应力计安装示意图

　　巷道表面位移监测能够比较直观地反映巷道在开挖之后围岩的变形量和评价支护系统的作用。使用 JSS30A 式收敛计对 5800 巷道位移量进行观测,从而直观判断巷道的稳定性。收敛计是利用机械传递位移的方法,将基准点间的相对位移转变为数显位移计的两次读数差。巷道掘进期间使用数显收敛计进行数据测量。

　　8800 工作面回采期间为方便测量,使用激光测距仪进行数据测量。YHJ-300J(A)矿用本安型激光测距仪用于煤矿井下,对巷道、工作面、采掘面等距离、高度的精确且快速测量,并可计算面积、体积等。其测量精度为±1.0 mm。

　　巷道表面位移观测内容包括:巷道两帮相对移近量和顶板下沉量。测量时在测点断面顶、底板及两帮各做一个标记为测量基点,顶部基点宜布置在巷道中心线上,帮部测点宜布置在便于测量的腰线位置,4 个基点原则上必须布置在同一断面内。由于煤巷掘进底鼓量大,且底板基点容易阻碍行人行车,故底板可不设基点,以顶板基点到帮部基点连线的垂直距离作为顶板下沉量。每隔 3 天对各监测点进行一次数据测量。如图 7-2 所示。

　　(3)围岩松动圈测试

　　通过围岩松动圈可以了解巷道围岩破碎的大致情况,还可以确定巷道围岩的稳定性类别,从而为后续的支护方案设计提供依据,所以对 5800 回风巷道围岩松动圈的测试,可进一步研究巷道围岩稳定性和巷道支护设计。

　　(4)顶板离层量

　　巷道开掘之后,顶板失去支撑,出现下沉。由于上覆岩层本身的物理力学性质、结构面赋存情况和所处深度的不同,造成巷道上覆不同岩层产生的位移也大不相同,正是由于这一情况的发生,使得巷道围岩浅部和深部的位移量不同,也

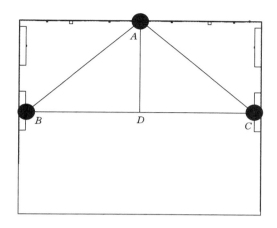

图 7-2 巷道表面位移测量示意图

就出现了离层量。

KGE30B 顶板离层仪由传感器和锚爪机构组成,两者之间用 ϕ0.7 mm 的钢丝绳连接。顶板发生离层时,在传感器的电阻式位移测量技术的作用下,每一个处于不同深度的锚爪都会通过连接着的钢丝绳牵引传感器中的卷簧来运动,然后卷簧机构会带动电位器旋转,这样就使得精密电位器的电阻发生变化,产生一个变化的电压信号输出,再由变送器转换为位移量。

当迎头距离符合安装顶板离层指示仪要求时,在迎头打出顶板离层指示仪的安装孔,孔径 28 mm,然后把开口 250 mm 深用孔径 40 mm 钻头扩孔,用打锚索钻杆接起来,把深基点送入孔底 4 m 处,把钢丝拉直,再把浅基点送到孔内 2.5 m 位置。钻杆安装期间锚杆机不允许转动以防绞断钢丝绳,把孔口套锚入孔口,标尺对零固定标尺,若无法对零时,按整数 20 mm 位置固定标尺,上述操作结束后还要将仪器的初始读数填写在标牌上。

顶板离层仪安装示意图如图 7-3 所示。

(5)煤体钻孔应力

KSE-Ⅱ-1 型钻孔应力计(以下简称传感器)在 KJ21 矿山压力监测系统内,可以与 KJ21-FW 矿用本安型压力监测分站连接,测量煤矿井下煤岩体内相对应力,监测采动应力场的变化,如图 7-4 所示。传感器的压力枕采用充油膨胀的特殊结构。煤、岩体钻孔内应力变化,通过压力枕两侧的包裹体传递到充液膨胀起来的压力枕,被转变为压力枕内液体压力,该压力经导压管再传递到传感器的传感部分,把压力变成弹性能,经由压力表实时呈现数据。

首先按照压力枕组件所要求的直径钻孔,孔深应满足测量要求,清除孔内碎

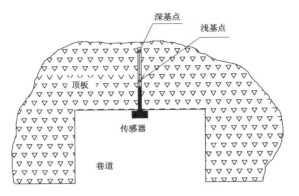

图 7-3　顶板离层仪安装示意图

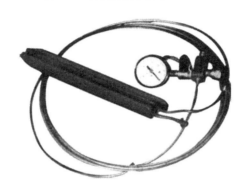

图 7-4　KSE-Ⅱ-1 型钻孔应力计

渣。钻孔时应尽量钻直,避免蛇形孔,以使安装顺利。

① 安装前的准备工作。

首先检查每台待安装的钻孔应力计是否能正常工作。

② 安装压力枕组件。

压力枕组件是压力枕与其两侧的包裹体的组合体。把最前一节安装杆的插孔插入压力枕下面包裹体的安装插头,用手将安装杆和导压管一起握住(导压管在安装杆上面),把压力枕组件连同导压管慢慢送入孔内,边送边将盘卷着的导压管伸直,安装杆一节一节加长,节间用螺钉连接,压力枕的安装方向和深度由安装杆上的标志和节数(每节 1 m)标出。当安装方向和深度达到预测定要求时,保持安装杆和导压管的位置不动,直至施加初始设定压力结束。

③ 施加初始压力。

注油结束后拔出安装杆,结束安装操作。

一般情况下,如果被测的煤、岩体的弹性模量较高,设定压力值适当大些,压力稳定的时间也要适当长些。本次设定的压力统一为 4 MPa。

（6）液压支架工作阻力

液压支架工作阻力反映了支架的工作状态,也反映了顶板、顶煤、支架与底板协同承载力学关系。通过矿用数字应力传感器,监测液压支架工作阻力,可绘制支架阻力曲线。

在 8800 工作面每隔 10 个支架布置 1 个支架阻力监测点,对工作面液压支架初撑力和回采期间工作阻力进行监测。

矿用数字压力计可固定在综采支架的顶板下防护较好的位置,被测压力腔的液体通过高压油管引接到压力计的测压孔上,采用掉挂或固定方式安装。每班拉架工必须将支架升紧,接顶严实可靠,保证支架的初撑力不低于 25 MPa,每隔 1 周对工作面安装的数字压力计进行数据采集,绘制支架阻力曲线。

7.2.2 观测点布置

在 5800 沿空巷道设置 3 个断面监测点,第一断面监测点距离 5800 巷道口 150 m,第二断面监测点距离 5800 巷道口 200 m,第三断面监测点距离 5800 巷道口 430 m。由于 2800 巷道运煤设备较多,布置 2 个监测点,第一断面监测点距离 2800 巷道口 100 m,第二断面监测点距离 2800 巷道口 200 m。巷道监测点位置如图 7-5 所示。

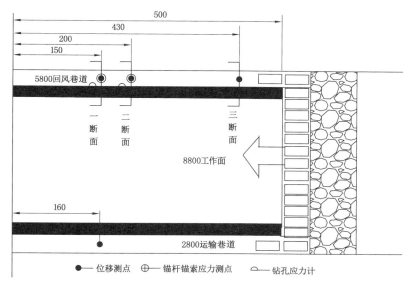

图 7-5　观测点布置图

其中,5800 回风巷道一断面监测点可监测锚杆(索)应力、巷道表面位移、围岩松动圈、顶板离层量,二断面监测点可监测锚杆(索)应力、巷道表面位移、顶板离层量,三断面监测点可监测巷道表面位移,在距离 5800 巷道口 140 m、180 m 处设置 2 个钻孔应力计监测点。

7.3　掘进期间矿压观测结果分析

7.3.1　锚杆(索)应力监测

现场锚杆(索)应力监测从 2017 年 8 月巷道掘进开始一直持续到 2018 年 5 月工作面回采前。锚杆(索)测力计布置如图 7-6 所示。巷道收敛监测点布置如图 7-7 所示。

图 7-8 为第一个断面(150 m)锚杆(索)承载力随时间的变化曲线,可以得到以下结论:

① 各曲线在观测 100 d 之前均为上升走势,100 d 之后各曲线开始平稳,直至第 200 天左右,出现波动,随后很快保持平稳直至回采前。

② 相比而言,1 断面左帮锚杆应力计整体承载力较大,最高达到 69 kN,左帮锚索应力计整体的承载力较小,自第 200 天开始值为 0,由于左帮为小煤柱帮,经分析认为:在受到上覆岩层的荷载作用下,7 m 宽小煤柱深部因压剪出现微小裂隙,造成锚索锚固端失效,但是煤柱浅部因为支护状态良好,因此小煤柱整体结构较为完整,仍然可以继续对顶板提供有效的支撑力。

③ 顶板应力计的承载力曲线最为平缓,在整个观测时间段内无较大的波动,说明其受力比较稳定,由此得出 7 m 宽小煤柱整体结构未受破坏的结论。实体煤侧应力随着时间缓慢增大,最终在 170 d 后趋于稳定。

图 7-9 为第二个断面锚杆(索)应力值随时间的变化曲线,由图 7-9 可以得到以下结论:

① 各观测曲线从开始到第 10 天均出现少许波动,之后平稳,直至第 50 天开始又出现波动,从第 160 天开始又出现波动,至第 250 天后平稳,最终趋于稳定。

② 顶板和小煤柱侧应力计整体的承载力较大,峰值为 70 kN,实体煤侧应力计整体的承载力较小。

③ 总体来看,该断面应力值较为平缓,左帮小煤柱侧锚索应力变化较大,分析认为该段小煤柱受覆岩荷载较大,但最终应力趋于缓和,说明该区域在整个观测阶段受力比较稳定。

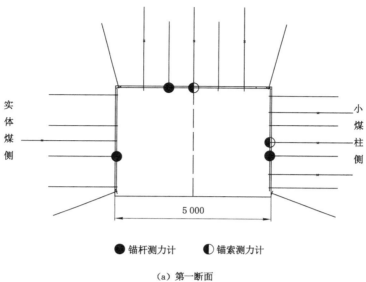

（a）第一断面

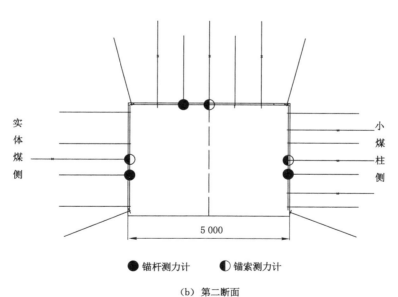

（b）第二断面

图 7-6 锚杆（索）测力计布置图（单位：mm）

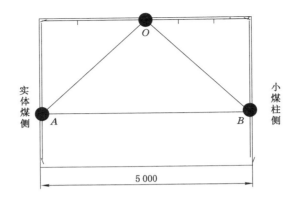

图 7-7 巷道收敛监测点布置图

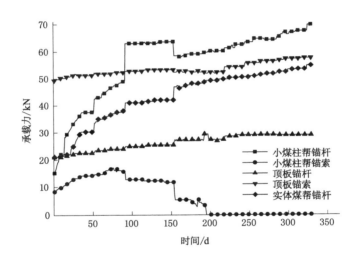

图 7-8 第一断面锚杆(索)承载力随时间变化曲线

综合以上对现场实际情况的观测和对观测数据的分析,可以看出:在安装仪器后,锚杆(索)应力值在些许波动后趋于平稳,表明巷道处于平稳状态,即设计方案的实施有助于小煤柱巷道的稳定。

7.3.2 巷道表面位移监测

5800 回风巷道掘进阶段巷道表面位移变形观测利用数显收敛计,采用十字布点法测量分析巷道在掘进过程中顶底板移近与两帮移近情况。具体数据如图 7-10 和图 7-11 所示。

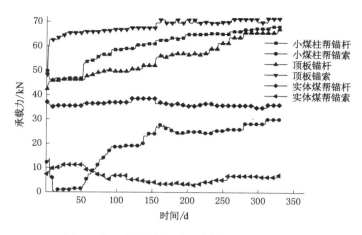

图 7-9 第二断面锚杆(索)承载力随时间变化曲线

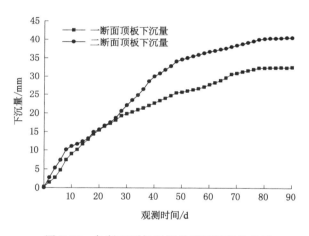

图 7-10 各断面顶板下沉量随时间变化曲线

（1）顶板下沉

图 7-10 为掘进期间两断面顶板下沉量随时间变化曲线，图 7-11 为掘进期间两断面顶板下沉速度随时间变化曲线。通过对 5800 巷道掘进期间 90 d 的顶板位移量数据监测发现：两个断面顶板下沉量均随着巷道掘进而不断增大，第一断面顶板下沉量最大值达 33 mm，第二断面顶板下沉量最大值达 40 mm，60 d 后顶板下沉的速度逐渐减小，直至下沉速度为一个很小的值，顶板变形最终趋于稳定。

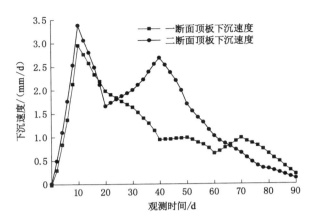

图 7-11　各断面顶板下沉速度随时间变化曲线

（2）两帮收敛

如图 7-12 和图 7-13 所示，两个断面两帮收敛量均随着巷道掘进不断增大，第一断面的两帮收敛量最大值为 80 mm，第二断面两帮收敛量最大值为 100 mm，并且两帮收敛的速度逐渐减小，直至下沉速度为一个很小的值，40 d 后两帮变形逐渐趋于稳定。

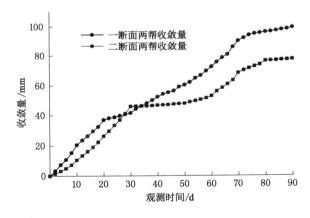

图 7-12　各断面两帮收敛量随时间变化曲线

7.3.3　顶板离层量监测

采用顶板离层仪观测掘进过程中顶板离层量变化情况。

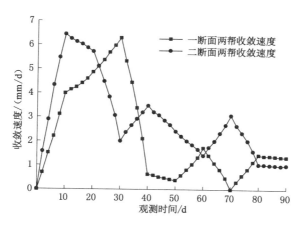

图 7-13　各断面两帮收敛速度随时间变化曲线

图 7-14 为 5800 巷道第二个观测断面顶板深部、浅部离层量随时间的变化,通过对 5800 回风巷道顶板离层量监测,获得了矿压显现动态数据。从图 7-14 可以看出:随着掘进面的不断推进,顶板离层仪监测结果表明顶板出现离层现象,随着安装地点与迎头距离越来越大,离层趋于稳定状态。浅部位移量的整体趋势都小于深部的,且在观测过程中,深部和浅部的离层量均不断增大,但也逐渐趋于平缓,最终巷道顶板离层量控制在 30 mm 以内,顶板整体处于稳定状态,说明巷道内部支护的锚杆、锚索都有力共同承载了围岩,确保围岩和顶板的稳定性,达到支护的目的。

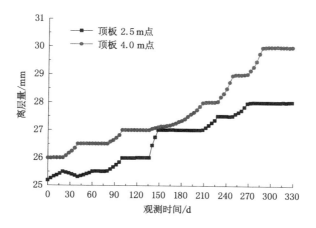

图 7-14　顶板深部、浅部离层量随时间变化曲线

7.4 回采期间矿压观测分析

为分析总结小煤柱工作面矿压显现规律,准确掌握周期来压步距和来压强度,研究和选择支护设备,合理安排工序、选择采煤技术参数、选择工作面支护方式和小煤柱侧巷道顶板管理方法,在 5800 回风巷道及 8800 小煤柱工作面进行矿压监测,所得监测数据可为今后相关小煤柱工作面设计提供科学依据。

7.4.1 锚杆(索)应力监测

回采期间锚杆(索)应力监测从 2018 年 7 月一直持续到 2018 年 9 月工作面回采完毕。

图 7-15 为第二断面(200 m)锚杆(索)应力值随时间的变化曲线。从图 7-15 可以看出:第二断面所有锚杆(索)应力值在第 35 天开始急剧增大,此时监测断面距离 8800 工作面回采位置 60 m 左右,距离 8800 工作面初采位置 210 m 左右。随着第二监测断面与 8800 工作面距离的不断减小,锚杆(索)应力值逐渐增大,至第 42 天达到最大值,此时监测断面距离 8800 工作面 16 m。煤柱侧左帮锚杆(索)应力值增幅最大,最高增大了 45 kN,集中系数为 1.57。至回采第 45 天,工作面推进到第二断面位置。

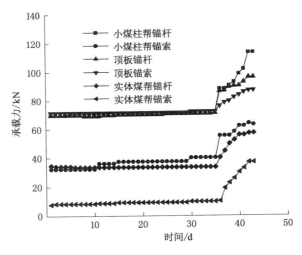

图 7-15 第二断面锚杆(索)承载力随时间的变化曲线

图 7-16 为第一断面(150 m)锚杆(索)承载力随时间的变化曲线。由图 7-16

可以得到：第一断面锚杆（索）承载力变化与第二断面变化基本一致，工作面超前影响范围为 50～60 m，监测断面距离工作面 15 m 左右时锚杆（索）承载力达到最大。需要注意的是：煤柱侧锚索承载力自第 40 天后急剧增大，此时第一监测断面距离 8800 工作面 90 m 左右，分析认为小煤柱在高支承压力作用下逐渐压紧密实，使帮部锚索重新受力。

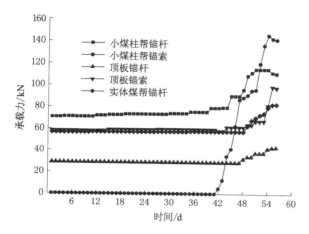

图 7-16　第一断面锚杆（索）承载力随时间的变化曲线

7.4.2　巷道表面位移监测

5800 回风巷道回采阶段巷道表面位移变形观测利用激光测距仪，同样采用十字布点法测量分析巷道在回采过程中顶底板移近与两帮移近情况。巷道两侧变形量可通过测量固定点之间距离得到，顶板下沉量可通过其他距离进一步换算求得，具体测量数据见表 7-2。

表 7-2　巷道变形量统计表

5800 巷道测点									2800 巷道测点		
第 1 断面			第 2 断面			第 3 断面			第 1 断面		
测站号	宽度/m	高度/m	测站号	宽度/m	高度/m	测站号	宽度/m	高度/m	测站号	宽度/m	高度/m
1 号	0.19	0.15	4 号	0.19	0.16	7 号	0.20	0.27	1 号	0.037	0.045 5
2 号	0.20	0.17	5 号	0.18	0.18	8 号	0.18	0.24	2 号	0.025	0.054 1
3 号	0.18	0.15	6 号	0.20	0.15	9 号	0.20	0.21	3 号	0.020	0.053 2
平均值	0.19	0.16	平均值	0.19	0.16	平均值	0.19	0.24	平均值	0.027	0.051 0

由表 7-2 可知:3 个断面都是在临近工作面 50～60 m 时变形开始持续增大。5800 巷道 3 个断面自回采结束时两帮移近量均为 0.19 m,顶板下沉量为 0.16～0.24 m,2800 巷道两帮移近量为 0.027 m,顶板下沉量为 0.051 m。工作面回采期间两巷道变形情况都较稳定,并未出现严重巷道变形。

7.4.3 煤体钻孔应力监测

钻孔应力计安装时间为 2018 年 8 月 19 日,位于 5800 巷道实体煤侧,4 个应力计分别距离巷道口 138 m、140 m、178 m 和 180 m,设置应力计内部初始压力均为 4 MPa。煤体钻孔应力记录见表 7-3。

表 7-3　煤体钻孔应力记录表　　　　　　　　　　　　　　　　单位:MPa

观测时间	1 号(深 9 m)	2 号(深 15 m)	3 号(深 9 m)	4 号(深 15 m)
2018-08-19	4	4	4	4
2018-08-22	4	4	4.5	4.2
2018-08-29	4	4	0	0
2018-08-31	4	4	失效	失效
2018-09-03	4	4.5	失效	失效
2018-09-04	5	5	失效	失效
2018-09-05	6	7	失效	失效

8 月 22 日,4 号应力计距工作面 30 m,8 月 29 日,4 号应力计距工作面 0 m,应力先由 4 MPa 增大至 4.2 MPa,后降到 0,说明在超前支承压力影响下煤体内部受到挤压,后随着与工作面不断接近,应力逐渐释放至 0。3 号应力计变化与 4 号相同。9 月 3 日 2 号应力计与工作面相距 15 m,9 月 4 日 2 号应力计与工作面相距 10 m,9 月 5 日 2 号应力计与工作面相距 5 m,应力计数值持续增大,8800 小煤柱工作面超前支承压力峰值约为 15 m,应力增大系数为 1.4。1 号应力计的监测深度较浅,相比 2 号应力计监测的峰值压力较低。

7.4.4 液压支架工作阻力监测

在 8800 工作面回采时液压支架完整矿压观测的基础上,每隔 9 台液压支架选取其工作阻力数据绘制工作阻力分布统计图(图 7-17),可用于分析工作面来压步距。

来压时支架工作阻力明显增大,通过分析相邻两个支架阻力突增位置可推算出工作面来压步距。自工作面回采开始每天对液压支架工作阻力进行统计,

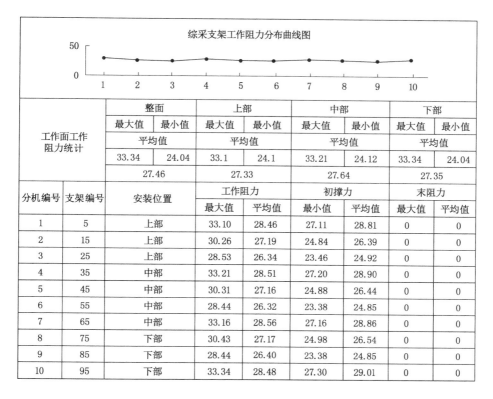

图 7-17 8800 工作面液压支架工作阻力分布统计图（单位：MPa）

制作工作面来压统计表。表 7-4 为 8800 工作面来压步距统计表，分析得出：工作面初次来压步距平均值为 44 m，周期来压步距最大值为 31 m，最小值为 15 m，平均值为 22 m。

表 7-4 8800 工作面来压步距统计表 单位：m

来压次数	各支架来压步距									
	5#	15#	25#	35#	45#	55#	65#	75#	85#	95#
1 次（初次来压）	42	45	42	44	45	47	45	44	44	42
2 次（周期来压）	16	26	31	17	17	17	15	17	25	15
3 次（周期来压）	21	26	15	17	24	18	23	20	27	30
4 次（周期来压）	25	15	25	17	24	25	15	25	21	18
5 次（周期来压）	22	19	25	22	21	27	23	24	20	24
6 次（周期来压）	29	15	18	17	21	20	31	24	17	15

表 7-4（续）

来压次数	各支架来压步距/m									
	5#	15#	25#	35#	45#	55#	65#	75#	85#	95#
7 次（周期来压）	25	26	22	22	17	24	21	24	25	30
8 次（周期来压）	16	19	25	25	35	17	18	17	31	18
9 次（周期来压）	25	15	15	27	29	28	15	20	17	18
10 次（周期来压）	22	22	22	25	23	24	28	17	17	25
11 次（周期来压）	16	19	22	24	23	21	31	22	24	22
周期来压步距平均值	22									
周期来压步距最大值	35									
周期来压步距最小值	15									

自 2017 年 8 月 8800 沿空小煤柱巷道掘进开始，一直持续到 2018 年 6 月工作面回采，到 2018 年 11 月末 8800 工作面回采结束，取得了良好的效果，沿空小煤柱巷道支护效果如图 7-18 所示。

（a）煤体帮

（b）顶板

图 7-18　现场巷道支护效果

(c) 小煤柱帮

图 7-18(续)

参 考 文 献

[1] 贾喜荣.岩层控制[M].徐州：中国矿业大学出版社,2011.

[2] 钱鸣高,石平五.矿山压力与岩层控制[M].徐州：中国矿业大学出版社,2004.

[3] 钱鸣高.采场上覆岩层岩体结构模型及其应用[J].中国矿业学院学报,1982,11(2)：6-16.

[4] 钱鸣高,朱德仁,王作棠.老顶岩层断裂型式及对工作面来压的影响[J].中国矿业学院学报,1986,15(2)：12-21.

[5] 钱鸣高,缪协兴,何富连.采场"砌体梁"结构的关键块分析[J].煤炭学报,1994,19(6):557-563.

[6] 钱鸣高,张顶立,黎良杰,等.砌体梁的"S-R"稳定及其应用[J].矿山压力与顶板管理,1994(3):6-11,80.

[7] 宋振骐,刘义学,陈孟伯,等.岩梁裂断前后的支承压力显现及其应用的探讨[J].山东矿业学院学报,1984,3(1):27-39.

[8] 宋振骐,邓铁六,宋扬,翁小华.采场矿山压力和顶板运动的预测预报[J].煤矿安全,1988,19(5):42-43.

[9] 宋振骐.实用矿山压力控制[M].徐州：中国矿业大学出版社,1988.

[10] 李学华,张农,侯朝炯.综采放顶煤面沿空巷道合理位置确定[J].中国矿业大学学报,2000,29(2):186-189.

[11] 侯朝炯,李学华.综放沿空掘巷围岩大、小结构的稳定性原理[J].煤炭学报,2001,26(1):1-7.

[12] 朱德仁,钱鸣高.长壁工作面老顶破断的计算机模拟[J].中国矿业学院学报,1987,16(3):4-12.

[13] 柏建彪,侯朝炯.深部巷道围岩控制原理与应用研究[J].中国矿业大学学报,2006,35(2):145-148.

[14] 何廷峻.工作面端头悬顶在沿空巷道中破断位置的预测[J].煤炭学报,2000,25(1):28-31.

[15] 张东升,缪协兴,茅献彪.综放沿空留巷顶板活动规律的模拟分析[J].中国

矿业大学学报,2001,30(3):261-264.

[16] 张东升,茅献彪,马文顶.综放沿空留巷围岩变形特征的试验研究[J].岩石力学与工程学报,2002,21(3):331-334.

[17] 张东升,缪协兴,冯光明,等.综放沿空留巷充填体稳定性控制[J].中国矿业大学学报,2003,32(3):232-235.

[18] 孟金锁.综放开采沿空掘巷分析[J].煤炭科学技术,1998,26(11):21-23.

[19] 成云海,姜福兴,胡兆锋,等.埋深千米综放采场沿空巷道冲击地压防治研究[J].岩石力学与工程学报,2016,35(增1):3000-3007.

[20] 成云海,姜福兴,李海燕.沿空巷旁分层充填留巷试验研究[J].岩石力学与工程学报,2012,31(增2):3864-3868.

[21] 成云海,冯飞胜,樊俊鹏,等.特厚易发火煤层沿空巷道顶板离层分析及控制技术[J].中国安全生产科学技术,2014,10(12):29-34.

[22] 王书文,毛德兵,潘俊锋,等.采空区侧向支承压力演化及微震活动全过程实测研究[J].煤炭学报,2015,40(12):2772-2779.

[23] 于斌,徐刚,黄志增,等.特厚煤层智能化综放开采理论与关键技术架构[J].煤炭学报,2019,44(1):42-53.

[24] 于斌,夏洪春,孟祥斌.特厚煤层综放开采顶煤成拱机理及除拱对策[J].煤炭学报,2016,41(7):1617-1623.

[25] 于斌,杨敬轩,刘长友,等.大空间采场覆岩结构特征及其矿压作用机理[J].煤炭学报,2019,44(11):3295-3307.

[26] 于斌,朱卫兵,李竹,等.特厚煤层开采远场覆岩结构失稳机理[J].煤炭学报,2018,43(9):2398-2407.

[27] 于斌,段宏飞.特厚煤层高强度综放开采水力压裂顶板控制技术研究[J].岩石力学与工程学报,2014,33(4):778-785.

[28] 王钰博.特厚煤层综放工作面端部结构及侧向支承压力演化机理[J].煤炭学报,2017,42(增1):30-35.

[29] 王泽阳,来兴平,刘小明,等.综采面区段煤柱宽度预测GRNN模型构建与应用[J].西安科技大学学报,2019,39(2):209-216.

[30] 李俊平.缓倾斜采空场处理新方法及采场地压控制研究[D].北京:北京理工大学,2003.

[31] 吕金伟.沿空掘巷煤柱合理宽度与巷道支护技术的研究[D].阜新:辽宁工程技术大学,2015.

[32] 谢福星.大采高沿空掘巷小煤柱稳定性分析及合理尺寸研究[D].太原:太原理工大学,2013.

[33] 邹友峰,柴华彬.我国条带煤柱稳定性研究现状及存在问题[J].采矿与安全工程学报,2006,23(2):141-145,150.

[34] A.H.威尔逊,孙家禄.对确定煤柱尺寸的研究[J].矿山测量,1973(1):30-42.

[35] 郑仰发,鞠文君,康红普,等.基于三维应变动态监测的大采高综采面区段煤柱留设综合试验研究[J].采矿与安全工程学报,2014,31(3):359-365.

[36] 郭力群,蔡奇鹏,彭兴黔.条带煤柱设计的强度准则效应研究[J].岩土力学,2014,35(3):777-782.

[37] 郭力群,彭兴黔,蔡奇鹏.基于统一强度理论的条带煤柱设计[J].煤炭学报,2013,38(9):1563-1567

[38] 余伟健,王卫军.矸石充填整体置换"三下"煤柱引起的岩层移动与二次稳定理论[J].岩石力学与工程学报,2011,30(1):105-112.

[39] 张开智,韩承强,李大勇,等.大小护巷煤柱巷道采动变形与小煤柱破坏演化规律[J].山东科技大学学报(自然科学版),2006,25(4):6-9.

[40] 张开智,蒋金泉,李大伟,陈国胜,王春增.倾斜煤层沿底掘进综放面煤柱参数实测研究[J].矿山压力与顶板管理,2002,19(2):76-77.

[41] 韩承强,张开智,徐小兵,等.区段小煤柱破坏规律及合理尺寸研究[J].采矿与安全工程学报,2007,24(3):370-373.

[42] 马念杰,赵志强,冯吉成.困难条件下巷道对接长锚杆支护技术[J].煤炭科学技术,2013,41(9):117-121.

[43] 冯吉成,马念杰,赵志强,等.深井大采高工作面沿空掘巷窄煤柱宽度研究[J].采矿与安全工程学报,2014,31(4):580-586.

[44] 朱建明,彭新坡,姚仰平,等.SMP准则在计算煤柱极限强度中的应用[J].岩土力学,2010,31(9):2987-2990.

[45] 何富连,高峰,孙运江,等.窄煤柱综放煤巷钢梁桁架非对称支护机理及应用[J].煤炭学报,2015,40(10):2296-2302.

[46] 何富连,康庆涛,殷帅峰,等.近距离煤层顶板煤柱集中应力影响机制[J].采矿与安全工程学报,2020,37(6):1077-1083.

[47] 何富连,何文瑞,陈冬冬,等.考虑煤体弹-塑性变形的基本顶板初次破断结构特征[J].煤炭学报,2020,45(8):2704-2717.

[48] 王德超,王永军,王琦,等.深井综放沿空掘巷围岩应力特征模型试验研究[J].采矿与安全工程学报,2019,36(5):932-940.

[49] 王德超,王洪涛,李术才,等.基于煤体强度软化特性的综放沿空掘巷巷帮受力变形分析[J].中国矿业大学学报,2019,48(2):295-304.

［50］王德超,王琦,李术才,等.深井综放沿空掘巷围岩变形破坏机制及控制对策［J］.采矿与安全工程学报,2014,31(5):665-673.

［51］王德超,李术才,王琦,等.深部厚煤层综放沿空掘巷煤柱合理宽度试验研究［J］.岩石力学与工程学报,2014,33(3):539-548.

［52］王红胜,李树刚,张新志,等.沿空巷道基本顶断裂结构影响窄煤柱稳定性分析［J］.煤炭科学技术,2014,42(2):19-22.

［53］王红胜,张东升,李树刚,等.基于基本顶关键岩块 B 断裂线位置的窄煤柱合理宽度的确定［J］.采矿与安全工程学报,2014,31(1):10-16.

［54］王红胜.沿空巷道窄帮蠕变特性及其稳定性控制技术研究［D］.徐州:中国矿业大学,2011.

［55］魏峰远,陈俊杰,邹友峰.影响保护煤柱尺寸留设的因素及其变化规律［J］.煤炭科学技术,2006,34(10):85-87.

［56］刘金海,姜福兴,王乃国,等.深井特厚煤层综放工作面区段煤柱合理宽度研究［J］.岩石力学与工程学报,2012,31(5):921-927.

［57］李小军,李怀珍,袁瑞甫.倾角变化对回采工作面区段煤柱应力分布的影响［J］.煤炭学报,2012,37(8):1270-1274.

［58］屠洪盛,屠世浩,白庆升,等.急倾斜煤层工作面区段煤柱失稳机理及合理尺寸［J］.中国矿业大学学报,2013,42(1):6-11,30.

［59］孔德中,王兆会,李小萌,等.大采高综放面区段煤柱合理留设研究［J］.岩土力学,2014,35(S2):460-466.

［60］余学义,王琦,赵兵朝,等.大采高双巷布置工作面巷间煤柱合理宽度研究［J］.岩石力学与工程学报,2015,34(增 1):3328-3336.

［61］张震,徐刚,黄志增,等.煤柱稳定性分析评价的高频电磁波 CT 技术研究［J］.采矿与安全工程学报,2018,35(6):1150-1157.

［62］王泽阳,来兴平,刘小明,等.综采面区段煤柱宽度预测 GRNN 模型构建与应用［J］.西安科技大学学报,2019,39(2):209-216.

［63］王志强,武超,罗健侨,等.特厚煤层巨厚顶板分层综采工作面区段煤柱失稳机理及控制［J］.煤炭学报,2021,46(12):3756-3770.

［64］孔令海.特厚煤层大空间综放采场覆岩运动及其来压规律研究［J］.采矿与安全工程学报,2020,37(5):943-950.

［65］郑西贵,安铁梁,郭玉,等.原位煤柱沿空留巷围岩控制机理及工程应用［J］.采矿与安全工程学报,2018,35(6):1091-1098.

［66］祁瑞芳.新奥法与我国地下工程［J］.哈尔滨建筑工程学院学报,1987(2):119-126.

[67] SALAMON M. Rock mechanics of underground excavations[C]//Advances in Rock Mechanics,Proc. 3rd Cong. ISRM. Denver:[s. n.],1974:951-1009.

[68] 康红普,朱泽虎,王兴库,杨跃翔.综采工作面过上山原位留巷技术研究[J].煤炭学报,2002,27(5):458-461.

[69] 宫显斌,王公忠,张彬.无煤柱护巷支护技术提高资源回收率[J].矿产保护与利用,2000(4):9-12.

[70] 漆泰岳.沿空留巷整体浇注护巷带主要参数及其适应性[J].中国矿业大学学报,1999,28(2):122-125.

[71] 冯豫.我国软岩巷道支护的研究[J].矿山压力与顶板管理,1990,7(2):42-44,67.

[72] 董方庭,宋宏伟,郭志宏,等.巷道围岩松动圈支护理论[J].煤炭学报,1994,19(1):21-32.

[73] 郭志宏,董方庭.围岩松动圈与巷道支护[J].矿山压力与顶板管理,1995,12(增1):111-114.

[74] 靖洪文,付国彬,董方庭.深井巷道围岩松动圈预分类研究[J].中国矿业大学学报,1996,25(2):45-49.

[75] 何满潮.煤矿软岩工程技术现状及展望[J].中国煤炭,1999,25(8):1-7.

[76] 何满潮,景海河,孙晓明.软岩工程地质力学研究进展[J].工程地质学报,2000,8(1):46-62.

[77] 康红普.高强度锚杆支护技术的发展与应用[J].煤炭科学技术,2000,28(2):1-4.

[78] 张百胜,王朋飞,崔守清,等.大采高小煤柱沿空掘巷切顶卸压围岩控制技术[J].煤炭学报,2021,46(7):2254-2267.

[79] 王飞,刘洪涛,张胜凯,等.高应力软岩巷道可接长锚杆让压支护技术[J].岩土工程学报,2014,36(9):1666-1673.

[80] 刘洪涛,王飞,王广辉,等.大变形巷道顶板可接长锚杆支护系统性能研究[J].煤炭学报,2014,39(4):600-607.

[81] 张蓓,曹胜根,王连国,等.大倾角煤层巷道变形破坏机理与支护对策研究[J].采矿与安全工程学报,2011,28(2):214-219.

[82] 张农,高明仕.煤巷高强预应力锚杆支护技术与应用[J].中国矿业大学学报,2004,33(5):524-527.

[83] 张农,李学华,高明仕.迎采动工作面沿空掘巷预拉力支护及工程应用[J].岩石力学与工程学报,2004,23(12):2100-2105.

[84] 张农,袁亮,王成,等.卸压开采顶板巷道破坏特征及稳定性分析[J].煤炭

学报,2011,36(11):1784-1789.

[85] 陈正拜,李永亮,杨仁树,等.窄煤柱巷道非均匀变形机理及支护技术[J].煤炭学报,2018,43(7):1847-1857.

[86] 杨秀竹.静动力作用下浆液扩散理论与试验研究[D].长沙:中南大学,2005.

[87] 杨志全,卢杰,王渊,等.考虑多孔介质迂回曲折效应的幂律流体柱形渗透注浆机制[J].岩石力学与工程学报,2021,40(2):410-418.

[88] 张连震,张庆松,刘人太,等.考虑浆液黏度时空变化的速凝浆液渗透注浆扩散机制研究[J].岩土力学,2017,38(2):443-452.

[89] 冯啸,夏冲,王凤刚,等.砂土介质中颗粒浆液扩散距离变化规律[J].山东大学学报(工学版),2020,50(5):20-25.

[90] 张忠苗,邹健,何景愈,等.考虑压滤效应下饱和黏土压密注浆柱扩张理论[J].浙江大学学报(工学版),2011,45(11):1980-1984.

[91] 王广国,杜明芳,苗兴城.压密注浆机理研究及效果检验[J].岩石力学与工程学报,2000,19(5):670-673.

[92] 李术才,冯啸,刘人太,等.砂土介质中颗粒浆液的渗滤系数及加固机制研究[J].岩石力学与工程学报,2017,36(2):4220-4228.

[93] 李术才,郑卓,刘人太,等.考虑浆-岩耦合效应的微裂隙注浆扩散机制分析[J].岩石力学与工程学报,2017,36(4):812-820.

[94] 李术才,张伟杰,张庆松,等.富水断裂带优势劈裂注浆机制及注浆控制方法研究[J].岩土力学,2014,35(3):744-752.

[95] 邹金锋,罗恒,李亮,等.考虑中主应力时土体劈裂灌浆力学机制的大变形分析[J].岩土力学,2008,29(9):2515-2520.

[96] 冯冰.深埋破碎岩体劈裂渗透及卸压诱导注浆扩散机制[D].徐州:中国矿业大学,2017.

[97] 李文峰,孙迎辉,杨波,等.迎回采面沿空掘巷围岩控制技术实践[J].煤炭工程,2010,42(2):24-26.

[98] 臧英新,陈威.二次沿空巷道留巷支护方式及围岩变形规律研究[J].煤炭科学技术,2012,40(3):17-19.

[99] 张文彬.综采工作面小煤柱注浆加固工艺及效果研究[J].煤炭工程,2018,50(5):64-67.

[100] 周炜光,史节涛,蔺增元.富水条件三软煤层沿空巷道支护设计优化[J].煤炭工程,2018,50(7):38-41.

[101] 刘树弟,郑庆学,张建公,等.深部软岩巷道锚注支护机理研究与应用[J].

煤炭与化工,2019,42(2):1-5.

[102] 翟新献,涂兴子,李如波,等.深部软岩锚注支护巷道围岩变形机理研究[J].煤炭工程,2018,50(1):36-41.

[103] 孟庆彬,韩立军,乔卫国,等.深部软岩巷道锚注支护机理数值模拟研究[J].采矿与安全工程学报,2016,33(1):27-34.

[104] 王连国,陆银龙,黄耀光,等.深部软岩巷道深-浅耦合全断面锚注支护研究[J].中国矿业大学学报,2016,45(1):11-18.

[105] 张妹珠,江权,王雪亮,等.破裂大理岩锚注加固试样的三轴压缩试验及加固机制分析[J].岩土力学,2018,39(10):3651-3660.

[106] 黄耀光,王连国,陆银龙.巷道围岩全断面锚注浆液渗透扩散规律研究[J].采矿与安全工程学报,2015,32(2):240-246.

[107] 李爱军.矿井深部沿空软碎巷道主动支护技术研究[J].煤炭科学技术,2015,43(增1):59-63.

[108] 路长,郑艳敏,余明高,等.吨量煤体的自燃过程实验模拟研究[J].火灾科学,2009,18(4):218-224.

[109] 余明高,王清安,范维澄,廖光煊.煤层自然发火期预测的研究[J].中国矿业大学学报,2001,30(4):384-387.

[110] 谢应明,张国枢,戴广龙.烟煤低温氧化规律的实验研究[J].淮南工业学院学报,2001,21(1):7-9.

[111] 梁运涛,罗海珠.煤低温氧化自热模拟研究[J].煤炭学报,2010,35(6):956-959.

[112] 李光亮,曹代勇,肖海红.基于改进型元胞自动机的煤层自燃动态模拟[J].辽宁工程技术大学学报,2007,26(增2):31-33.

[113] 李宗翔,孙广义,王继波.综放工作面煤柱内漏风与耗氧过程的数值模拟[J].力学与实践,2001(4):15-18.

[114] 王继仁,邓存宝.煤微观结构与组分量质差异自燃理论[J].煤炭学报,2007,32(12):1291-1296.

[115] 吴晓光.煤自然发火实验台温度场数值模拟研究[D].西安:西安科技大学,2005.

[116] 文虎.煤自燃过程的实验及数值模拟研究[D].西安:西安科技大学,2003.

[117] 卢山,孙培雷.煤堆自燃的理论与计算[J].工业锅炉,2004(4):26-29,37.

[118] 贾宝山.煤矸石山自然发火数学模型及防治技术研究[D].阜新:辽宁工程技术大学,2002.

[119] 卢国栋.大面积煤田火区范围圈划及燃烧机理研究[D].北京:中国矿业大

学(北京),2010.

[120] 邓军,徐精彩,张迎弟,等.煤最短自然发火期实验及数值分析[J].煤炭学报,1999,24(3):274-278.